2018年終極修訂版

商周出版

主管私房學

自慢②

小職員出頭天

商業周刊超人氣專欄作家
暢銷書《自慢》系列作者

何飛鵬◎著

何飛鵬

城邦媒體集團首席執行長，媒體創辦人、編輯人、記者、文字工作者。

擁有三十年以上的媒體工作經驗，任職於《中國時報》《工商時報》《卓越雜誌》等媒體，並與資深媒體人共同創辦了城邦出版集團、電腦家庭出版集團與《商業周刊》。

他同時也是國內著名的出版家，創新多元的出版理念，常為國內出版界開啟不同想像與嶄新視野；其帶領的出版團隊時時掌握時代潮流與社會脈動，不斷挑戰自我，開創多種不同類型與主題的雜誌與圖書。

曾創辦的出版團隊超過二十家，直接與間接創辦的雜誌超過五十家。

著有：《自慢：社長的成長學習筆記》《自慢2：主管私房學》《自慢3：以身相殉》《自慢4：聰明糊塗心》《自慢5：切磋琢磨期君子》《自慢6：自學偷學筆記》《自慢7：人生國學讀本》《自慢8：人生的對與錯》《自慢9：管理者的對與錯》《自慢10：18項修煉》

Facebook 粉絲團：何飛鵬自慢人生粉絲團

部落格：何飛鵬——社長的筆記本（http://feipengho.pixnet.net/blog）

【自慢】

日文中形容自己最拿手、最有把握、最專長的事。

形容自己的拿手與在行，是不是比別人更好，其實不知道，但絕對是自己最自信、最有把握的事。

PART 1

許多人徘徊在要不要成為管理者的十字路口，只獨善其身，還是要服務別人？
我走上管理者的路，高潮起伏、變幻莫測，歡迎有志者一同領會。

PART 2

主管是一項專業，需要各種不同專業技能，
不幸的是，企業內缺乏主管的養成訓練，
我花了十四年才學會，
而且是完成後才知道「主管學」博大精深。

第1章 主管必修十堂課……105

第2章 主管的用人學……159

第❸章 主管的團隊學……215

第4章

主管的專業學……273

第5章 主管的錯誤學……337

附錄

演好八角不愁沒有掌聲……391

終極修訂版序——

主管七問：管與被管的常見問題與解答

自從二〇〇八年我的《主管私房學》出版之後，各種講演邀約紛至沓來，有公開的演講，說的都是工作者與職場的心法，還有更多的企業邀約，大多數是對企業內的中階主管及高階主管，談的是管理心法，讓我對管理的奧妙有更多的體會。

所以當今年《主管私房學》要出修訂新版時，我除了增加了二十餘篇新的文章外，我更嘗試回答一些管與被管的常見問題，以解讀者之疑！

這些問題有些是從工作者的角色出發：許多人不想當主管，只想做簡單的工作；有人懷疑自己合不合適當主管？

還有是即將當主管的人，擔心受怕自己不稱職？

當然還有更多是已經當了主管的問題：怎樣才是好主管？怎樣帶團隊？怎樣完成月業績目標？……

這本終極修訂版《主管私房學》，嘗試解答這些問題！

第一問：我只想過簡單的日子，不想當主管！

許多年輕人告訴我，他對生活的品質要求很高，不想沒日沒夜過日子，所以他不想當主管，只想過簡單的日子，可以嗎？

當然可以，每個人的人生都可以自由選擇，想過輕鬆簡單的日子無可厚非。不過如果不當主管，很可能代表在組織中做的不是重要的工作，也沒有負擔重要的責任，這樣的人薪水待遇通常不會太多，所有如果不想當主管，就要有準備一輩子過清貧的日子，升官發財都與我們無緣。

組織的邏輯是每個人有多少貢獻，就領多少薪水，而主管帶領團隊，其績效是以整個團隊來衡量，團隊帶得好，十個人的團隊，可能會創造出二十個人的績效，而主管自然就可以領二十個人的成果的薪水，這是主管可以領高薪的原因，不想當主管的人，自然只能領自己能力以內的薪水。

所以如果不想當主管，就要安貧樂道過一輩子。

其次主管管人，非主管被管，不當主管就喪失工作的自主權，要看別人臉色過日子，很難有自主的空間，而只在團隊中工作，可以有整體的工作成果，很難看出自己的貢獻，不當主管，就沒有自我。

第二問：每個人都合適當主管嗎？我適合當主管嗎？

這也是許多年輕工作者的疑問，不知道自己適不適合當主管？

直截了當回答：只要有心、肯學，每一個人都適合當主管。

一般組織中的升遷邏輯：部門中工作做得最好的升成主管，在升遷之前幾乎沒有接受任何職前訓練，所有的學習在升遷之後，逐步完成。

主管是帶領大家做事，自己也一起做事，所以事情做得好，就有機會當主管，所以每個人都可以當主管，而當上主管之後，只要肯努力學習，學習精進工作技能，學習與團隊溝通，瞭解所有人的需求，讓團隊同心協力做事，就可以是好主管，每一個人都合適當主管。

每一個剛當上主管的人，前幾個月一定是不稱職的主管，每個人都有青澀的生疏期，別擔心自己的不稱職，肯學就好。

第三問：怎樣做才是好主管？

所有剛上任的主管都會有此一問。好好帶領團隊，高效率的完成組織交待的任務，就是好主管。

主管有兩個十分明確的老闆必須面對。一個是公司，公司交付了任務給主管，並給主管一個能執行任務的團隊。另一個老闆是團隊，主管要帶領團隊，分工設職，訂定目標，讓團隊向前邁進，完成任務，每個團隊成員心中都有一把尺，主管好壞，大家自有評價，組織和團隊都認同的人，就是好主管。

組織對主管的評價是明確的，每年完成任務是最基本的目標，如果還能超目標完成，就是更好的主管。如果在現有的工作之外，還能見微知著、未雨綢繆、創新與應變，那就是最佳的主管。

可是團隊對主管的評價是不明確的，是存在心中的印記，在心中認同、尊敬、喜歡，而表現在外的則是無怨無悔的追隨，這樣的關係，主管不需動用權力，團隊就會全力以赴做事。

第四問：做主管真的要管人嗎？我最不喜歡去約束別人！

許多當上主管的人都有此一問，這種主管多數是好好先生，生性隨和，不願教訓別人，也不會教訓別人，他們期待所有的人都自動自發，不需要別人來要求、管理。

做主管一定要管人的。不可能不約束、不要求、所有的人都自動完成工作。

其實每個團隊中，都包含三種人：（一）主動積極的人，這種人努力做事，完全不需要主管的要求；（二）一般正常的人，用正常的節奏做事，不快不慢、不急不徐，不積極也不消極；（三）被動疏懶的人，這種人懶散怠慢，如果沒有人規範要求，不可能完成工作。

每個主管的團隊中，都可能有這三種人，因此主管不可能不約束、不要求、不管理，一定要有作為，促使那些消極被動的人能跟上腳步，完成工作。

這也是人性，人性本善，有人自動自發，也可能人性本惡，不約束、不管理，就有人不做事、不作為，所以主管一定不只是做好人，也必須做壞人，要能糾正錯誤、除奸懲惡，約束整個團隊同步向前邁進。

第五問：要完成公司交付的任務，主管要具備哪些要件？

完成任務是主管的天職，而要完成任務就要擁有專業、策略及方法。

每一種任務一定隱含某一種專業，或生產，或行銷，或財務，或研發，只要是部門主管，一定要擁有該部門的專業，所以只要自己的專業不足，就必須想盡辦法快速補強。

其次要完成任務，一定要有策略，任務要從哪裡下手，要動用多少資源，要由誰擔任，這些都是策略思考。

最後是任務的執行，一定要有步驟、有方法，主管必須率領團隊找到方法！而有專業、有策略、有方法，加在一起就是有能力，有能力就可以完成公司交付的任務。

第六問：主管有權力管理團隊，主管也可以領導團隊，請問管理和領導有什麼差異？

管理是因為主管有頭銜、有名位、有權力，組織賦予主管權力，讓其可以管理團隊。主管在執行管理工作時，所下的指令是命令，所有的團隊成員只能接受，不能拒絕。

因為是不能拒絕的命令，因此團隊成員只能服從，可是在執行上也有程度上的區別，對命令認同的是心悅誠服，全力以赴；對命令沒有特殊感覺的，就只是不好不壞的執行，達成一般成果即可；對命令不認同的，則是表面應付、心中反對，其成果通常是悲劇。

主管要清楚，如果只是用權力執行的管理工作，通常不能達到最佳的成果，因為通常只是表面配合，不會全力以赴。

而領導則不同，領導者一樣可以帶領團隊工作，可是領導並非來自權力，所下達的指令也不是命令，領導是來自於認同、信賴、尊敬、追隨，組織成員對領導者所說的話，願意百分之百遵循，無怨無悔的服從。

主管通常從取得名位與頭銜開始，擁有權力，可以指揮管理團隊，並透過每一次正確的執行，取得良好的績效，而逐步獲得團隊成員的信任，最終邁向領導。

領導來自於對主管指揮調度的認同，專業能力的信賴，再加上人格特質的尊敬，最後產生無怨無悔的追隨。管理是開始，而領導是結果，好的主管最終都會變成好的領導者。

第七問：如果想要成為一個好主管，有務必要遵守的法則嗎？

好主管就是要完成卓越的工作成果，而要完成好成果就要靠團隊的上下一心、協調合作。

所以要成為好主管，就是要能打造堅強的團隊，獲得團隊的信任，而要獲得團隊的信任，主管就要具有同理心，用對待自己的心態及方法，來對待所有的團隊，讓團隊能像信賴自己一般，來信賴主管，這樣的團隊就是最堅強有效的團隊。

「同理心」是主管最重要的帶人心法，一樣米養百種人，人人喜好各有不同，這是指生活習慣。可是人性基本上是一致的，期待被喜歡、被尊重、被認同、被公平對待、被視為自己人、被誇讚、被讚美。這是人性。

討厭被討厭、被歧視、被否定、被批評、被指責，這也是人性。

主管就是要把所有的團隊成員，看作自己，用對待自己的心情來對待所有的團隊，多做自己喜好的事，少做自己討厭的事，這就是將心比心，也就是同理心。

有同理心的主管，當要對團隊做任何事時，都會想我如果是團隊的一員，被這樣對待時，我會有什麼想法？哪些是我能接受的，哪些是我討厭的，儘量避免去做團隊討厭的事。

不過「同理心」不代表絕不做部屬討厭的事，舉例而言，每個人都不想被糾正錯誤，但主管仍然要做，只不過如果將心比心，就會用比較緩和的方法處理，這樣既能避免反彈，還能真正收效。

同理心是做主管必須具備的態度。

原序——小職員出頭天

二〇〇七年四月，我在出版社的要求下，把在《商業周刊》長期寫作的專欄，集結成書出版。這個人生中的意外，開啟了我一段不可思議的旅程。

讀者意外的認同，讓《自慢：社長的成長學習筆記》成為當年度台灣本土創作中最暢銷的經營管理書。超過十萬本的銷售量，讓我走在路上，需要注意自己所有的言行，因為隨時有讀者會認出我。

一個老友告訴我：「沒想到你會寫書，而且如此發人深省，我買了三本，自己讀之外，還給在美國的兒子、女兒各一本，這是他們需要的人生必修課。」

一個企業主買了一千五百本，除了員工人手一冊外，還分贈關係企業，並舉辦了讀後感寫作比賽，我用一場坦白交心的演講，表達了我的感激。

無數的團體、企業邀請我演講，到了影響正常工作的地步，不得已，我婉拒了大部分邀約，但心中的虧欠，不知如何補償。

歷經這些意外，一向下筆神速的我，專欄寫作變成瞻前顧後、千難萬難，怕的是我的「一家之言」，禁不起行家的檢驗；怕的是，我個人的體會，給了別人錯誤的示範；怕的更是我不嚴謹的文章，辜負了大家的期待。

我用加倍的努力寫作，我用更誠實的態度面對；我更深刻的體會人生，我更努力的讀書學習，只希望還給讀者更多，不讓大家失望！

人生三部曲：工作者、主管、創業

第一本書雖然是在我同事的催促之下而出版，但我自己內心有一個小小的願望，不敢說出來，那就是如果還有第二本，我會寫主管，然後接著是寫創業。這是我人生體驗的三階段：工作者、主管、創業。

我在心中偷偷給這三本書取了名字：「人生自慢三書」，從自慢做自己（工作者）到自慢做主管，到自慢做老闆（創業）。

自慢做自己（工作者）談的是一個工作者最基本的人生態度、生活及做人處世哲學，如何學習、如何工作、如何看待公司、如何對應老闆，這是我從跨出學校就不斷在探討的課題。

雖然我很快的升為主管（不到一年的時間），但主管卻是我最掙扎、最困惑、最無所適從的角色。原因無他，因為我是自慢的工作者，不需要主管的督促要求，因此我當了主管也不知道要管理督促同事，我用做工作者的同樣方法做主管，這當然是個大災難了。

至於創業，我一輩子不是在創業，就是在準備創業中。

從年輕時的家族式小生意，到後來糾集同好共同創辦《商業周刊》、《PC home》等雜誌、圖書出版公司。我從不斷的犯錯中，慢慢體會學習，把一個創業者所需要的技能，一點一滴逐漸學會。分享這樣的創業歷程，讓創業者少走一些冤枉路，是我的另一個心願。

就這樣，「自慢三部曲」自然成形，這也正是我人生學習的三個階段。

被管與管人

找一份工作、領一份薪水，這似乎是現代人之必然。但升為主管，帶領一群人，似乎就不是每一個人共同的期待，有的人甚至質疑，做個能幹的快樂工作者很好，為什麼要辛苦當主管？管一群人很麻煩。

確實如此。現在台灣每一個人期待自由、不喜負責、不被拘束，當主管當然不是唯一選擇，因此我要仔細分析當主管的必要，因為主管是所有能幹的人的必經之路。

資本主義社會下大致分為兩種人：創業發薪水給別人以及打工領別人薪水。這兩大類都以主管為必經之路。

創業者在未正式創業前，以主管為跳板，學習如何自主、如何管人，這是必然的過程。而打工表現傑出，升成主管，是組織生態的必然，如果你不想管人，只想做個優閒的工作者，那你要冒幾個風險：

（一）因不想當主管，被組織邊緣化，薪資一定被低估；（二）公司因你不當主管，可能升個能力差的人來管你，以至於整個部門績效不彰，你一起被拖累；

（三）外來一個空降者，萬一不進入狀況，萬一與你處得不好，你都受影響。

基於這些理由，作為一個工作者，升成主管，是小職員出頭天的最佳途徑，每一個人都要去努力、嘗試、學習，不當主管，是和自己的生涯過不去，是和自己的薪水過不去，也和自己的成長空間、自由快活過不去，千萬不要自我放棄。

徹悟主管的角色

一個派駐大陸的部門主管，有一次在廣州珠江畔清談時，向我表白，他決定做那個駕馬車的車夫，不再做那一匹拉車的馬了。

我一時會意不過來，他告訴我，當年他剛升成主管時我告訴他，好主管是車夫，壞主管是拉車的馬，他以為當車夫太官僚、太作威作福，一直不想這樣做，現在他想通了，當車夫是掌控全局、達成績效、完成任務、帶領團隊找到極樂世界，他決定不再做牛做馬，決定做車夫當個好主管。

我非常為他高興，每一個主管都會歷經這樣的徹悟過程，管理只是手段，達成績效，替團隊爭取更大的福利是目的。因此「將帥無能，累死三軍」、「萬般有罪，罪在朕躬」，這是自省；「大碗喝酒，大塊吃肉」、「給錢爽快，分贓公平」，這是回饋；「殺一儆百，令出必行」、「雷霆手段，菩薩心腸」，這是駕馭、訓練部屬。當然還有更多的道理，不只是會做事，不只是待人好，不只是有肚量，主管的角色千變萬化，所需要的能力也多元複雜，但總是在自己大徹大悟之後，主管之路才會豁然開朗。

大多數人是糊里糊塗就被升上主管，然後跌跌撞撞摸索了一段時間之後，忽然發覺管人也是另一種專業，然後下決心學習，最後才徹悟，就像那位決定當車夫的主管一般，但那已經是五年以後的事了。

做主管，要從沒上任就準備（爭取當主管），要從上任就認真學，要徹悟主管的各種面相，才有機會學好。這本《主管私房學》，是我摸著石頭過河的心酸史，只希望後來者不要和我一樣一身傷痕、浪費時光。

天塌下來，主管頂著

當一個團隊，面臨危機、面對艱難處境時，主管會怎麼做？一個人先逃避？讓部屬去面對，自己躲在後面？還是帶著團隊一起面對，必要時，身先士卒？

這種時候，主管只能選擇與團隊患難與共，絕不可逃避，這是「天塌下來，主管頂著」的道理，因為主管是團隊的「天」，是領導者，他絕對不可背棄團隊，永遠是船沉前最後一個跳船的人，這是主管的天職，也是主管能獲得團隊的終極信任，願意把一切的權力、決策、命運都交給你決定的原因。

問題是：團隊的危機不是經常出現，部屬如何判斷一個主管在關鍵時刻挺不挺得住、能不能信賴呢？

主管平常的一言一行、思考模式，都會提供足夠判斷的訊息：有錯時，主管是推諉卸責，還是謙虛自省；有功時，主管是分享光采，還是獨占利益？團隊是主管的工具，還是手足？

這些纖細的感受，都可以從長期的相處中，慢慢體會出來。因此，你是不是一個可以信賴的主管，所有的團隊成員，每一個人都知道，只有你自己不知道。

不要怪團隊成員不認真、不用心、不忠心，因為你可能是那個天塌下來，肩膀一歪，壓死一干部屬的主管！部屬為何要為你忠心？

主管每天要自我反省：我自私嗎？我值得信賴嗎？我夠勇敢嗎？我能負責嗎？

我會逃避嗎？做那個頂天立地的主管。

我不能公開的祕密

做主管這麼多年，有一個祕密我從來沒有公開，在這裡我要向讀者公開坦白：主管是大家庭裡的小媳婦！上擠下壓，老闆要你執行任務，部屬要你協助教導，有時候你是老闆的手腳，有時候你是工作的頭頭，如果老闆和工作者相安無事，主管當然如魚得水，但如果老闆（公司）與員工發生衝突，而且這個衝突勢不兩立，不能妥協，此時作為主管的我，會站在哪一邊？

我會站在工作者這一邊，我會帶領員工對抗老闆、對抗公司，這是我從未公開的祕密。

我期待這種狀況不要發生，我也努力防患未然，讓這種狀況不要發生。我視公司上下為一個團隊，老闆是領導者，主管是協力者，部屬是成員，內部不能有矛盾，老闆要英明、寬仁、友愛；部屬要努力、本分、知足；而主管溝通協調，有時候勸老闆大方回饋，有時候勸部屬努力投入，讓團隊合作無間。但如果真的雙方兵戎相見，我會毫不猶豫的站在員工這一邊。因為我來自員工，身上流著工作者的血液，而最重要的，員工大多數是弱者，是我的團隊成員，更是我的手足、我的家人，我永遠和他們站在一起。

我當主管的態度就是這樣，老闆要知道，一旦你不仁不義，平日護衛公司權益不遺餘力的我，會搖身一變為抗暴的工頭。

這個祕密我從未公開，在這裡我說出來和所有主管以及未來可能成為主管的人一起分享，我如果能獲得同事、工作夥伴的認同，真正的原因或許不是我的能力，而是我這個從未公開的祕密！

這個祕密值得每一個主管再三思考！

PART 1

工作私房學

許多人徘徊在要不要成為管理者的十字路口，
只獨善其身，還是要服務別人？
我走上管理者的路，
高潮起伏、變幻莫測，歡迎有志者一同領會。

告別工作者的回眸

一個成熟、努力、自慢的工作者的下一步是什麼？當然是自慢的小職員要出頭天了。要不就成為幹練、高薪的資深工作者，要不就變成主管一方的領導者。但是在高升之前，還有再進一步修練工作私房學的必要。

這十八篇都是小技巧、小觀點，但都有大用處，要不決定了你一生的命運（選擇做不一樣的事）；要不告訴你如何做大事；要不讓你學會舉止優雅（往前坐）；再不就是讓你避免錯誤（不信邪及失手兩篇），不只工作者要學習，連主管也常犯這些錯誤。

其中三篇則是成為主管前的心理準備：選擇要回人生自主權，學會為自己的決定負責，然後下定決心，為大眾服務，成為管理者、成為主管。每一篇都是我深刻的人生體驗，也是我不知不覺走上主管、老闆及創業之路的心得寫照，本篇裡的文章，就算是告別工作者的人生回眸吧！

1. 不信邪孤注一擲

人要用一生計成敗，很少能隨時檢討。但在賭場就不一樣，每一次下注，都可計算成敗。「不信邪孤注一擲」是賭場的情境，但用在檢視人生，也十分深刻。

有一次因事過境澳門，駐足一晚。對這個東方賭城，我一直無緣瞭解。這一晚在企業家朋友的帶領下，一探澳門賭城究竟！

這位斯文的企業家朋友，沒想到是賭城老手，這一晚我除了見識澳門賭場的氣派奢華之外，最大的收穫就是分享了他的賭場經驗。

這位朋友告訴我，在賭城一試手氣，有一個絕對不敗的方法：就是與倒楣鬼對賭。他說賭場隨時都會有倒楣鬼，這種人可能已經賭了一天一夜，輸了很多錢，印堂發黑，但卻不信邪，還在與命運之神搏命。只要找到這種人，就與他對賭，他押大，你就押小；他押閒家，你就押莊家，保證你會贏。這樣做雖然有些不道德，但這就是賭場的真相。

命運之神落井下石

我不太理解，如果真是這樣，那不就是命運之神老是喜歡捉弄倒楣鬼嗎？這位朋友接下來的談話，更令我吃驚！

他說，命運之神真的就是會落井下石，最喜歡欺負「不信邪」的人。每一個人的手氣會有循環，好會連續好，壞會連續壞。賭場輸贏的邏輯在於：「好的時候大膽加碼，壞的時候保守認賠」，這就是賭場的「邪道」。那些一輸了錢，打死不退、偏偏不信邪的人，根本就是要挑戰命運之神、與賭神做對！不是命運之神落井下石，而是「不信邪」自作孽！

這位朋友又說：最可憐的就是那些「不信邪孤注一擲」的人，這些人用簡單的機率、不信邪：「我已經連輸七把（或更多），不信下一把又輸。」他告訴我他看過連輸十三次的人，這種人怎能不傾家蕩產呢？

他又繼續分析：這種人其實不是輸給命運之神，而是輸給自己。如果你能自我控制、理性判斷，你絕對可以懸崖勒馬，不致跌落萬丈深淵，問題是你控制不了自己，被情緒、被情境拖著走，越輸越急，越急越輸，最後就走上「不信邪孤注一擲」的道路，悲劇就發生了。

這趟偶然的澳門賭場之旅，我雖然沒有下場真正領會下注的感覺，但是這個賭場老手的不傳心法，卻讓我受益良多，原來世界上的道理都是一通百通，「不信邪孤注一擲」的悲劇在現實世界中，也一再發生。

商場上，景氣有榮枯，生意有好壞，市道不對時，要有耐性、要沉潛，不可「不信邪孤注一擲」。股票市場上，也有起伏漲跌，順時「進場狠狠咬一口」；逆時也一樣要保守、要沉潛，「低點還有更低點」，這是股票市場的名言，說的也是那些不信邪、不斷低檔加碼豪賭的人。人生亦復如此，有起有落，絕不可和命運之神生氣，不信邪一場豪賭，只會被魔鬼綁架。

我很清楚：「不信邪孤注一擲」不是放手一搏。因為放手一搏通常建立在絕對的理性分析、思考、判斷上。「不信邪」是自己和自己生氣，是直覺、是死心眼、是自我放棄，把結果賭在自己的情緒上。當你選擇自我放棄時，你就是那個印堂發黑、被命運之神捉弄的倒楣鬼。

後記：

❶這篇文章，做股票的人不可不看。

❷「不信邪孤注一擲」和「進場狠狠咬一口」有何不一樣？一樣都大膽投入、傾力一搏，但差異在前者是印堂發黑、青筋暴露，是倒楣鬼的死亡賭注。後者是冷靜分析，看準所有指標，多頭排列，是贏家理性的通吃作為；兩種情境完全不同。

❸輸了就認賠出場，絕不傷筋動骨；孤注一擲，只會讓你在傷筋動骨之後，傾家蕩產。

2. 紮硬寨，打死仗

孔明借箭，奇兵制勝。這是令人欽羨的傳奇故事，每個人都想快速成功，但成功其實沒有捷徑，不能速成。有的只是決心、毅力、練好基本功，不達目的，絕不終止。曾國藩「紮硬寨，打死仗」的作戰方法，某個程度是成功制勝的不二法門。

一個年輕人想創辦新事業，由於生意模式相當有想像力，再加上他精明能幹，因此所需要的資金很快就籌齊了，我有幸也是其中一個共襄盛舉者。不過就在最後公司即將成立的時候，我發覺這個年輕人並沒有實際出錢投資，只以技術及能力作價，取得部分股權。

對這種做法，我完全不能認同，我要求這位年輕人也要多少出一些錢。因為如果他沒有真的把錢丟進來，代表他的決心不夠；如果賠錢，也缺乏感同身受的痛苦。在我的堅持下，他終於同意也出了一小筆投資，金額不大，但對他而言，已足以形成「只能成功，不能失敗」的壓力，有助於他的全力投入。

這是我一向的工作習慣，把自己置於不能回頭的境地，非要往前走，殺出一條血路，才有可能活著回來。因為這樣，我才會是一個道道地地的「窮寇」，完全處在拚命的狀況，任何人都不能掉以輕心，否則我隨時有可能在絕境中展開反擊，並完成不可能的任務。

身處絕境才有可能逆轉形勢

說「拚命」，當然只是形容詞，每當我處在這種退無可退的情境時，我反而是異常的興奮與冷靜，因為我知道身處「絕境」，在絕境中只有冷靜，才有機會奮力一搏。因此，任何事我都做最壞的打算，做最深的準備。用最基本的方法，絕不花拳繡腿，把基本功做足、做實。這時候工作與我完全融為一體，事情的成敗也就是我的成敗，那是一種天人合一的境界。而要創造這種境界，公司中怎能沒有我自己的錢呢？我沒投資，玩的是別人的錢，沒有切身感，當然不會進入「天人合一」的情境。

本來我以為這只是我個人的性格，但後來我讀到清末湘軍領袖曾國藩的著作，其中提到湘軍如何從非正規軍的鄉勇，轉變成為打敗太平天國軍的主力，其關鍵的作戰邏輯是「紮硬寨，打死仗」。湘軍的營寨有三層防禦：深溝、竹塹、堅壁清野，讓敵人完全沒有輕越雷池的機會。而「打死仗」則代表領軍者的決心，鄉勇投軍，完全是為了成就功名時的榮華富貴，唯有勝利才能擁有一切，因而每個人都抱著必死之心以求勝。這是湘軍經常能以寡擊眾，最後並成為清末安鄉定國的主力軍隊的原因。

「紮硬寨，打死仗」把我破釜沉舟、全力以赴、不達目的絕不終止的工作邏輯，做了最簡單有力的注解。

這其中更蘊含了幾層的意義：（一）扎實做好每一件事，沒有捷徑可走；（二）任何事做最壞的打算，先把失敗想清楚，甚至先把「後事」也料理了，然後方可全心全意打仗；（三）認同天下沒有容易做的事，任何事只有徹底做到時，才可能有成果，這些都是「紮硬寨，打死仗」的基本理念。

相對於「紮硬寨，打死仗」，是「輕鬆做，走捷徑」，當大多數人想去走捷徑時，全力以赴的人成功的機會就變大了！

後記：

有退路時，繼續溫水煮青蛙，醉生夢死，這是人之常情。「紮硬寨，打死仗」不只避免團隊安逸，更要養成強悍不懼的習性，養成做好基本工作的能力，更是要養成置之死地而後生的決心。

3. 當下，立刻討回來

每個人一生都有重大挫折，有的人讓挫折成為畢生的傷痛，有的人用忘記遠離挫折。但我用「當下，立刻討回來」，不但要彌平損失，還要討回一些戰利品，更要從此改變自己的缺點。

重大挫折，代表重生，代表轉折，代表命運重寫！

大學二年級那一年，參加一個救國團舉辦的社團負責人訓練營，開訓的第一天，所有的同學分成三個區隊，各推選一個區隊長，再由三個區隊長，競選一位總隊長。我被推為區隊長，總隊長選舉前，有一場競選演說，每人五分鐘，我掉以輕心，沒仔細準備，竟然在台上「停電」三分鐘，說不出話來，總隊長沒選上不要緊，對我個人及區隊學員都是一件極為丟臉的事。

其後的日子，可是難過極了，所有的人都認識我：那個在台上呆站三分鐘的「呆瓜」，大家想安慰我，反而讓我更傷心。想了幾天之後，我決定做一件事，來掃除這個不光彩的事件。

結訓典禮的同樂會上，我在自己臉上畫了一個大花臉，上台表演小丑，反正就是放浪形骸，大鬧一場。在人前我因為「放不開」，所以緊張、所以說不出話來，所以我用徹底的放開，來試煉、武裝我自己。我也演一次「特別」的鬧劇，來改變大家對我之前的印象。

從此以後，我不再擔心上台說話。而這一次社團活動，也成為我大學生涯中，最難忘，也交了最多朋友的一次活動。

我在活動開始時受到人生的重大挫折，但在結訓時，我「當下，立刻討回來」，我不讓痛苦的回憶跟著我，也不讓同學只記得我的難堪，還要做些改變。

討回來的是面對失敗重新振作的勇氣

在哪裡跌倒，在哪裡站起來，這是一般的說法。我的說法則是「當下，立刻討回來」。這個習慣變成我一生的信念。十年的記者生涯，讓我更加深這種想法，今天漏了大新聞，明天就要有另一則更大的獨家，討回顏面，這是信念，信念養成鬥志，鬥志化為工作方法，工作方法搭配執行毅力與決心，當我精誠所至時，通常都有機會「當下，立刻討回來」。

「當下，立刻討回來」絕不是以牙還牙，因為我們所受到的挫折，可能並非被對手打敗，只是我們自己疏忽、失常、失手。因此要討回來的並不是打擊對手，而是要自己重整旗鼓、重新出發，不要讓挫折的小螞蟻，侵蝕你的心靈、啃食你的鬥志，讓你變成倒楣的失敗者，時時沉浸在挫折的悲傷、痛苦、自怨自艾中。

不過「當下，立刻討回來」的態度，並不一定能夠立即找到另一件事反敗為勝，也不見得一定能夠在短期內用另一個成功掩蓋挫折。重要的是要培養立即正面迎戰的態度，當你決定主動出擊時，你就不再是那個受挫折的倒楣鬼。我無法立即做出豐功偉績，但重點是要告別悲情，否則挫折、倒楣會蔓延、傳染，不立即「討回來」，你會變成「挫折連續犯」。

醫治挫折的另一種療法是「忘記」，問題是如果沒有另一件吸引我們的事，我們又怎能忘記剛發生不久的挫折呢？因此「當下，立刻討回來」就是讓我們轉移焦點的方法，一旦焦點轉移，我們就會忘記挫折，迎向新的期待、新的未來。

後記：

一個情場老手說：醫治失戀的方法，是立即啓動新戀情。如果去除不專情的成分，這倒是個好方法。因為不向前看，不會有新戀情；因為不忘記失戀，人生就在痛苦中。

立即平復情緒，回歸正常，我們才能「當下，立刻討回來」。

4. 失手總在拿手中

在最拿手的事中失手，在最不起眼的簡單事物中失手，這是最令人痛心，而且極常見的事。一個最簡單的小事、一個疏忽，常常容易造成最大的悲劇。面對不熟悉的事物，我們都會格外小心，而對拿手且熟悉的事，因為熟悉、因為有把握，以至於怠慢，反而容易犯大錯。對這種簡單、拿手的大案子，反而才真正應該小心。

一個主管正在執行一個超級大計畫，因為案子大，連我也不免關心起來，我要求這位主管來做個簡報，這位主管來了，但卻有些不耐煩。做完簡報後，他向我抱怨：何先生，這個案子金額雖然大，但案型並不特別，都是我們日常熟悉的工作，這也是我最拿手的事，你為什麼會不放心？

他的抱怨其實有些道理，因為此案都是標準化的工作，並無特殊的變化，理論上我應該可以放心，只不過我最近心神不寧，所以格外小心敏感。但聽了他說的話之後，我反而覺得我的小心是有道理的。

我告訴他：這件事雖不複雜，但牽涉金額大，加倍小心謹慎是有道理的。更何況，對不熟悉的事物，我們都會格外小心，反而不犯錯。而對拿手且熟悉的事，因為熟悉、因為有把握，以至於怠慢，反而容易犯大錯。對這種簡單、拿手的大案子，反而才真正應該小心，最有把握的事，隱藏了最不可能的致命錯誤！

再熟悉的過程也會有被疏忽的細節

在最拿手的事中失手，在最不起眼的簡單事物中失手，這是最令人痛心，而且極常見的事。我永遠記得那個刻骨銘心的慘痛經驗：那一年我的乾姊夫三十九歲，風華正茂，要動一個割除前列腺的小手術，那位教學醫院的超級名醫掉以輕心，沒看到驗血報告就全身麻醉進行開刀，從此我的乾姊夫就沒醒來。因為他的肝臟有問題，不能全身麻醉。一個最簡單的小事、一個疏忽，造成了最大的悲劇。

事後我們聽說：這位名醫不斷的告誡學生，不能輕忽驗血報告，對每一個小環節都要小心，因為最拿手的小事，會帶來最慘痛的代價。這位名醫得到的是一輩子不能平復的悔恨，他要背負這個錯誤走完他的人生旅程。

我的工作經驗也充滿了類似的經驗。在面對大案子、大事時，我們都極度小心謹慎，也都全力以赴。有一天我猛然警覺，在大案子上我們似乎沒有失手過，但是在小事、小案子上，我們卻失誤頻頻，原因無他，拿手的小事，我們輕忽、我們傲慢、我們付出代價。

為了解決小事失誤，剛開始我以為是缺乏管理、缺乏標準化的作業流程，於是我努力的建立管控系統，嘗試用標準作業流程（SOP）來減少錯誤。雖然有一些效果，但是仍不能完全避免。因為再好的流程管理，都仍有模糊的界面，而心態上的輕忽、態度上的傲慢，卻會使錯誤像水銀瀉地一般，不放過任何空間四處蔓延，隨時發生。

工作者的態度，才是失手的關鍵。虛心才是不失手的保證，敬天畏人則是每一個人一輩子能過安穩日子的原因。對簡單的事、拿手的事，其實毫無危險，但這並不保證絕對沒事。而傲慢、輕忽，卻會造成不可思議的錯誤，如持續性的傲慢、輕忽，更會引發連續性的錯誤，而重大的悲劇通常是連續性錯誤所造成。

壓抑自己的輕慢，小心自己最拿手的事，是遠離悲劇的開始！

後記：

想要不在拿手中失手，就是學會將每件事的判斷歸零，不斷地去重新檢視每個步驟，就算是再熟悉、再簡單的案件，因為只有每一步小心，才能擁有最低失誤的可能。

5. 做對每一件小事

「數大就是美」這是從小深刻的名言，但「大」真的是好嗎？有時候不是，有時候「小」比「大」更重要。

做大事，做大生意，擁有雄才大略，但所有的「大」，都要從「小」開始，登高必自卑，行遠必自邇，做好小事，才成大事。

有時候我非常慶幸自己從事了一個極特殊的行業——文化出版，這個行業在台灣一年生產約四萬種新書。每一種新書都是一個全新的商品，從市場調查到商品規畫、到生產、到行銷、到上市、到售後服務……，每一本書都要走完完整的產品生命週期，換句話說，每一個出版人一年出了多少種新書，就要面臨多少次新產品上市的考驗。由於每一本書的營業規模都很小，大約只有新台幣幾十萬元，但卻不能省略新產品上市中的任何一個步驟，因此我形容出版事業是細微的繡花工作，沒有任何大事，只有無數的小事、小步驟、小流程，但所有的小事加在一起，就會決定一本書的成敗。

我之所以慶幸，是因為出版讓我面臨了最多的新產品上市實戰經驗，也讓我體會到「做好每一件小事」的重要，出版是一個最典型的「做對每一件小事，就會成功」的行業。

在此之前，我是一個大而化之，以做大事不拘小節自居的「神經大條」的人，對所有的小事不耐煩，甚至認為小事只會讓「雄才大略」的人耗損心力、浪費時間。我完全不知道「好大喜功」、「好高騖遠」就是我的毛病，我更不知道，我經營公司之所以賠錢的原因是「不務小節」，小事沒做對。

做好小事才能學會做大事

剛做出版的時候，我仍然大處著眼，不拘小節，喜歡做大書，對小書沒興趣。而我也確實做出了一些轟轟烈烈的暢銷書，但仍然賺錢有限。聲勢很大，卻沒得到足夠的實質利益。仔細研究後，我發覺，我雖然做到了暢銷書、大書，但是因為小書不慎，小事沒做好，我也不知不覺中賠掉了許多不該賠的錢，因此總的來說，賺到吆喝，沒賺到實利。小事是我的心腹大患。

為了徹底解決這個問題，我發展出一套做小事的邏輯：要做大事先從小事做起，小事做得好，大事才有指望，能耐煩做小事，大事才能從容不迫。小事是大事的基礎。所有的大事，都可拆解成無數的小事，因此，小事都做對，加起來就變成大事。而小書賺小錢，大書賺大錢，大錢小錢都不放過，江海不擇細流所以成其大、成其富。這就是我訓練自己耐煩做小事的過程。

我發覺我不是不會做小事，只是不耐煩，當我認同做小事之後，一切就豁然開朗了。每一件小事都可先拆解成幾個分解動作，再做成標準作業流程，然後再對每一次的工作結果，進行徹底的檢討改進。

我還發覺很多有趣的事：做大事與做小事的方法完全不一樣，做大事靠才氣、靠創意、靠能力；做小事靠耐心、靠系統、靠制度、靠習慣。而組織如果能夠把小事做好，代表這個組織的結構嚴謹，不易出錯，是個可靠而穩定的公司。

我真正會做生意，是從我能賺小錢、會做小生意開始。我真正會經營公司，是從我能做對每一件小事開始，感謝出版業對我的訓練。

後記：

❶ 一個小朋友要求轉調工作，我告訴他那個工作比他現在的工作重要得多，我也很期待他未來能做那個工作，但現在不行，因為他現在連小事都做不好，等他做好小事之後，自然能勝任大事。大小之間，完全存乎一心，在每一個人的心中，都要容得下大事，也得做好小事。

❷ 大陸近年流行細節學，例如：「細節決定成敗」成為顯學，也是從小事著眼。

6. 選擇做不一樣的事

如果想有非凡的人生，通常要有非凡的抉擇，要在人生看似平靜無波的時候，下決定走不一樣的路，選擇做不一樣的事，要自己去啓動改變。

一個偶然機會，聽到一個二十五年沒見過面朋友的消息。這個朋友從大陸開放初期，就遠走中國，而今他已是世界女鞋大亨，事業遍及台灣、中國、越南。

這樣的劇情在台灣商場上多的是，並不稀奇。讓我感受深刻的是，這個故事的相對比較。當時我在《中國時報》當記者，因為採訪鞋類配額的問題，同時認識了許多鞋業的老闆，有很多人生意都已經做得非常好。而這位現在的女鞋大亨，比較起來只是一個小生意人。當中國開始改革開放時，大多數的鞋業老闆都躑躅不前，只有這位當時的小鞋廠老闆放手一搏。其他的同業甚至還取笑他的大膽，只不過這一個決定，造成了天堂地獄的分野。

這位小生意人成為女鞋大亨，還回台買下同業創辦的女鞋通路，其他人相較之下，反而變成「小生意人」。

一個不一樣的決定，改變了一個人的一生。

二十二年前，我也選擇做不一樣的事。當時當記者的我表現並不突出，高手如雲的記者同業，讓我覺得前途茫茫。選擇創業，離開大媒體，其實是我向所有同業投降，我在心中告訴自己：「打不過同業，逃總可以吧！」我選擇走不一樣的路。

另一個選擇走不一樣的路的故事，是聯強總裁杜書伍。當時整個神通集團如日中天，而聯強只不過是神通集團中的一個小的銷售團隊。杜書伍選擇遠離集團核心，默默地為萌芽中的通路事業奉獻，終於成就了台灣ＩＴ電子業的聯強通路王國，一個對的選擇，再加上全力以赴的投入，終於成就了不一樣的成果。

事實上，許多人一生的成就，只在於一次關鍵性的正確選擇。但這些都是事後諸葛亮，事後的分析，最後只是落下一句「千金難買早知道」的笑柄罷了。

問題在於這些關鍵的抉擇，不可能出現在生涯風平浪靜時，表面上看來並無轉折的必要，大多數人會選擇不變。例如：前述那些成功的鞋業老闆，在台灣代表穩定，到大陸則凶險萬狀，只有小鞋廠老闆願意一試。抉擇通常是被逼出來的，我自行創業，就是在打工生涯的最高峰，因為體會到環境的轉變而決定放手一搏。

「做不一樣的事，得到不一樣的結果」，這是我生涯轉折的關鍵思考。如果我繼續當記者，其實以我這方面的才氣，充其量勉強當一個還算OK的記者，我的人生沒什麼驚奇的想像。因此我決定選擇創業，做不一樣的事，然後期待一個完全不一樣的結果。

「做不一樣的事，走不一樣的路」，抉擇就是這麼簡單。當你決定啟動不一樣的人生時，改變就已經開始。

只不過大多數人聽到別人類似「愛麗絲夢遊記」的人生際遇時，都充滿遺憾與羨慕，為何好運沒有落在我身上？可是當面臨關鍵的抉擇時，你不是不知不覺，就是又選擇了和常人一樣的老路，停在原地，因為你選擇與凡人做一樣的事！

後記：

大多數人會抱怨為何沒遇過好機會，所以沒能走上不同的路，其實大家遇到的機會都類似，只是有人看出來，有人渾然不覺。

關鍵在於你沒有不一樣的思考，沒有不一樣的企圖，選擇安定、選擇不變，怨不了別人。

7. 往前坐、先舉手、積極參與

成功的人和你想的不一樣、做的不一樣。我時常觀察成功的人，進退有度、舉止優雅、落落大方，他們都不是天生的，都是學習訓練出來的，要想成功，要練習被看見，「往前坐、先舉手」就是最好的訓練。

一次演講完後，有一位聽眾問我，如何才能在辦公室中，讓老闆看到自己的工作表現，看到自己「自慢」（指最有把握、最自豪）的能力呢？

這個問題肯定是大多數工作者最困擾的事，覺得自己埋沒在芸芸眾生之中，覺得老闆看不到自己的努力、看不到自己的表現。

可是要回答這個問題的同時，我的腦海浮現另一個畫面，每次辦公室開會時，第一排總是空著沒人坐，所有的人都儘量往後坐，就好像主席台上的人有傳染病，恨不得離得越遠越好。

我還浮現另一個場景，會議中請大家發表意見時，大多數人選擇沉默、低頭不語，就算被點到名發言，也是簡單應付、不知所云。

我的回答很簡單：「往前坐、先舉手、積極參與」。我問大家，開會的時候，你是不是儘量往後坐呢？如果是，這代表你是消極的，不想讓人看到你、認識你。如果開會時有機會發言時，你老是沉默不語，這代表你沒信心、沒想法，也不願讓別人認識你。

這兩件事，也代表你自甘於八十／二十法則中的那些貢獻度不高的百分之八十的人，如果是這樣，一定沒有人看得到你的表現，就算擁有「自慢」的能力，也不易被發現，老闆看不見你是應該的！

表面上看，「往前坐、先舉手發言」這只是一件小事，但其實代表了你內心的祕密。往前坐，代表你以公司的中流砥柱自居，不論你現在是不是並不重要，你願意用積極參與的態度，進入公司所有的情境。也暗示如果有必要，你隨時可以挺身而出，為公司效力。

至於先舉手發言，更是自己能力展現的舞台，隨時把自己準備好、武裝好，只要有機會，爭取發言，讓老闆、同事見識自己的能力與想法。這背後代表積極的參與意見，並非只是領一份薪水的隱形工作者，你關心公司、全力以赴的投入。

積極參與只是態度的修正，「往前坐、先舉手」還有另外的意義，那就是訓練自己落落大方的行為舉止。要從芸芸眾生中走出來，讓大家看見你，行為舉止是需要訓練的，往前坐就是要讓自己習慣被看見、練習被看見；舉手發言則是主動尋求被看見。落落大方，舉止進退有度都是長期練習出來的，在日常辦公室中的小聚會裡，慢慢調整自己的心情，學習主動參與，嘗試被看見，這都是一個「不凡的自己」逐漸成長的過程。

每一個工作者都應有「自慢」的能力與表現，每個人也都是組織中的傑出員工，但開會往後坐、沉默不語，這些常見、約定俗成的辦公室文化，讓所有的人隱身於芸芸眾生之中，如果不想被埋沒，請你「往前坐、先舉手」，展現落落大方的氣概吧！

後記：

❶ 一個老友告訴我，這篇文章讓他在大學念書的兒子成績突飛猛進，變成一個積極進取的人。

❷ 一個讀者告訴我，他們公司開會時，影印了這篇文章一起研讀，同時也要求大家往前坐，從此之後，開會時就沒有人往後坐了。

8. 從叢林出發

每一個成就不凡的人背後都有好的故事，從叢林出發，到野地求生，是一個典型的勵志故事。

不是每一個人都有機會從叢林出發，也不見得需要從叢林出發，只要我們擁有從叢林出發的態度：吃苦耐勞與堅毅就可以了。

有一個非常能幹的部屬，經常讓我跌破眼鏡，不論我提出什麼不合理的要求，他都逆來順受；不論我給他多麼艱困的任務，他也都勉力完成；不論處在什麼樣的危險中，他未必處之泰然，但也嘗試面對；不論給他多麼少的資源，他不但沒有抱怨，更都秉持著有多少資源做多少事，努力做出不同的成果出來。

日子久了，他成為組織中晉升最快的主管。我並非刻意考驗他，只不過當公司有危難時，他往往是最能承受壓力、最能化不可能為可能的人。

我很好奇，他為何異於常人？他告訴我一段「從叢林出發」的經驗。

他的第一個工作，在一個小到不能再小的出版社，連老闆一起算，只有三個人。而公司的任務也很簡單，就是每個月要出八本書，不管用什麼方法，不管有什麼困難，每個月八本書的任務一定要完成。

這當然是一個不可能的任務，但對一個小公司而言，生存就是真理，沒有合理與不合理；對一個剛畢業，找不到更好工作的小職員而言，老闆訂的目標就是要完成，沒有對與錯，他只能拚命做、努力做，連停下來想的時間都沒有。

他這樣做了三年，一直到公司營運不善、撐不下去，他才離開。聽他說一些工作的細節，我除了瞠目結舌外，無法形容，那完全是一個不合情、不合理的工作環境，可是當人被丟在這樣的環境中，他也被訓練出一些外人不能置信、無法想像的工作方法，他承受壓力的程度，也不是一般人能理解。

處境不能選擇，但結果可以自己創造

他的人生「從叢林出發」，從野地求生，從自生自滅開始，活著出來是命，因為他不肯投降、不肯放棄；也是運，所有事情看起來都不可能活著回來，除了上天眷顧、邀天之幸，無法解釋。但一旦讓他活著從叢林走出來，他不一樣的人生也就開啟了。

我回想我自己，我是「從人間出發」。我進入了一個一般的公司，有合理的組織、合理的制度、合理的工作環境，而我也就在合理中，循序漸進的合理成長，別人會的我可能也會，我會的大家也都會，我就是凡人，就是一般人，人生沒有什麼變化。

還有人比我幸運，人生「從溫室中出發」，家世顯赫，有親人照應，好的環境，好的待遇，按部就班的訓練、培養，一輩子按完美計畫進行……。

命運不能選擇，從叢林出發，從人間、從溫室出發，不同人不同命。但趣味大不相同，這位部屬，講起過去那一段「叢林」經驗，神采飛揚，回味無窮。面對現在他所擁有的一切，都滿足而感激，因為只要能活著都是撿來的多餘人生。對曾經一無所有的人，身上有一塊錢，都是富有，而每一次我丟給他新的挑戰，他也都像是在複習功課一般，把過去的經驗，重來一遍……。

如果能選擇，讓我從叢林出發吧！

後記：

一個富家子弟告訴我：我從溫室出發，但這不應是我的錯，我不能選擇。

我回答：這當然不是你的錯，還是你的優勢，你比別人起步更高、更占便宜。

不過這只是你的處境而已，你自己的能力要靠自己磨練，如果能自我調整，富家子弟的成就通常會更高，這是統計的結論。

9. 無知是福，多言賈禍

從小，媽媽就教訓我的姐姐們：「不窺人隱私，不道人短長」，媽媽說女人碎嘴是非多，因此她三令五申告誡姐姐，而我也聽在耳中，一輩子奉為戒律。

年輕時經常和幾個好友夫婦一起出遊，其中一位也是我的同事兼長官，他結婚時的總招待也是我，印象中他們夫妻的感情一向很好。有一次我開車經中山北路，遠遠望見這位同事開車在前方，旁邊還坐著一位女孩子，我直覺是他們夫婦，急忙加速上前準備打招呼。誰知車平行行駛時，我轉頭一望，發覺旁邊的女孩不是他太太，我覺得大事不妙，立即加速離去，希望他們沒有看到我。

晚上回報社上班時，這位長官問我，下午有開車經過中山北路嗎？我假裝一臉茫然地回答：「我今天沒經過中山北路。」聽我這樣說，這位長官才放下心來。

到現在為止，我仍然不知道當天的劇情是什麼？那女孩可能只是同事或一般朋友，也可能是他的外遇女友，但不知道長官的隱私，對我來說是最安全的，尤其如果那真是他的緋聞女友，而又被我撞見，我勢必捲入是非圈，任何的流言蜚語，我都難逃洩密、道人短的嫌疑，極可能引來不測之禍。

遠離是非圈才能不惹禍

從小媽媽就教訓我的姐姐們：「不窺人隱私，不道人短長」，媽媽說女人碎嘴是非多，因此她三令五申告誡姐姐，而我也聽在耳中，一輩子將其奉為戒律。

後來在工作中，我發覺媽媽的說法並不公平，不只女人碎嘴，男人也不差，愛打聽隱私、愛道人長短，幾乎人人如此，不分男女，這是為什麼辦公室就是複雜的是非圈，許多人身在其中，不知不覺惹來大禍。

我發覺，知道有趣的事，如果不說出來，十分難過。尤其是同事、長官的隱私、緋聞、長短。每個人都知道不該說、不該談，但大家只要知道，卻都會忍不住要說。結果是，每個人都找自己最好的私密朋友說，還要補上一句：「告訴你一個祕密，你不要跟別人說。」當大家都這樣，很快就傳遍了每一個角落，人人都成是非人，大家都說是非事。而倒楣鬼難免就會在傳言中，招致不明的禍事。

有了這樣的認知，要避免「多言賈禍」的方法，只有一個，那就是「無知」。無知可以讓你遠離是非圈，無知也可以讓你言行如一，只專注在工作上，不受蜚短流長的影響。

無知不只應用在窺人隱私上，也隱含了另一項工作中的本分。許多人對辦公室中的大小事都好奇，不論與你相干或不相干，都有興趣「探聽」，我用「探聽」這兩個字，指的是你要費心去打探、搜尋，才會知道。也指的是與你不相干的事，因為相干的事，你可以要求知道，別人不得拒絕，不需探聽。知道太多的事，一方面會讓你心思複雜，無法專注自己的工作，另一方面也會讓你捲入辦公室的是非。因此，和工作相關的事，我深入追蹤，徹底有知，不放過任何一個細節；但不相干的事，無知是福。

尤其是對老闆，你更要用行動表示，你不想知道太多祕密的本分，這是你被老闆信任的第一步。

後記：

無知的基本原則：

❶跟老闆開會，只要老闆接手機，就要自動離開現場，讓老闆放心講電話。客戶亦同。

❷公眾場合聽到敏感的談話，立即要離開現場，並明確向大家告別。

❸聽到別人說：「告訴你一個祕密」，立即制止不要聽。

❹聽到任何機密，絕不傳漏。

10. 從老闆身上要回工作自主權

每一個人都需要工作，那是每一個人用勞力、能力與社會交換生活所需的方法。

每一個人也都期待自由、自主，如果因工作而丟掉自由，那宛如出賣靈魂，找回自由、找回自主，那是我一生的追逐。

從小我就是一個放浪不羈的人，但打從工作開始，我就面臨了人生痛苦的煎熬。因為職場上有各種規則、各種要求、各種條條框框，工作者需要去遵守。我發覺在組織中，我喪失了自主權，我需要用組織的邏輯工作，要用老闆的想法做事，要遵守組織的規範。我不再自由、不再快樂，我活在組織的陰影中。

我不想工作，但財務不獨立，讓我不能辭職，我只好在組織中尋找解答。

我問我自己：我希望做什麼？我的答案是：做我想做的事、說我想說的話、做我有興趣的事、用我自己認同的方法做事，這些都是會讓我快樂的事。而快樂的原因是自由，因為我掌控了自己的工作、自己的生活。因此我想要的事，就是「快樂、自由、做自己」。

當我想清楚這些事後，我知道我離不開組織、離不開工作，因為我要金錢收入，可是我又要「快樂、自由、做自己」，唯一的方法，就是從組織及老闆身上要回生活及工作的自主權。

快樂、自由、做自己

我開始研究組織及老闆的邏輯，我發覺組織很單純，有清楚的目標要完成。而老闆稍微複雜一些，除交付工作任務及追蹤考核外，還有性格與脾氣需要應付。但這兩者都一樣的是，只要你完成任務，他們都會變得溫和、善良、好應付。而當他們溫和、善良時，我自主的空間就變大了。

我開始學習用最快的時間完成老闆交付的任務，任務完成後，剩下的時間就是我自己的。我也體會到，當我做好每一件事後，我的信用就更好，老闆就更不囉嗦，我工作的自主權就更大。要「快樂、自由、做自己」，就是讓老闆得到他想要的，他就不會管你、不會限制你，甚至有機會成為老闆的好夥伴、好朋友。

當我儘量滿足老闆的期待後，我掌握自主權的良性循環出現了。過去我不能與老闆討價還價，我只能說「Yes」，但當老闆開始認同、信賴我之後，我就取得討論的空間，對老闆一些不合理的要求，我有機會表達自己的看法，而老闆在信賴的基礎上，也比較能聽得下我的建言。我不只是被動的滿足組織的要求，還可以拒絕我不想要的事，我得到更大的工作選擇與自主權。

這樣還不夠，我既然已經瞭解組織的策略、方向和需求，我也開始獲得老闆的信賴，得到一定的自主工作空間。接下來，我就會主動出擊，按照組織的發展邏輯，提出我自己的想像與可能，主動向老闆建言，看看老闆的反應，與整個組織的回應，如果能夠獲得認同，那我就高度掌握了自主權。就算建議不被接受，我卻因此更理解組織的邏輯，有助日後的工作。

我無心取悅老闆，也無意寵壞老闆，我只是要找回自己的工作自主權，讓自己工作更順利、更快樂，我得到「快樂、自由、做自己」，而老闆得到工作成果，所有人都滿意。

後記：

在書上讀過「為五斗米折腰」，當時不知真義為何，寫完這篇文章，我終於知道了。

為了一口飯吃，我們說自己不想說的話、做自己不想做的事，那不只是折腰，更是出賣靈魂。擁有「自慢」的專業，全力以赴的投入，做好自己的工作，我們就可以要回工作自主權，自慢、自由、快樂做自己！

11. 為自己的決定負責任

自從出了第一本書《自慢》之後，許多人在我的部落格上留言，問我他們一些生涯抉擇，我很想給意見，但又怕妄下結論，誤人、害人。這篇從股票市場得來的經驗，或許可以提供人生重大決定的參考。

一個朋友聚會的場合，無意中我分析了一家上市公司的營運狀況，我認為這家公司未來的發展看好。沒想到其中一個朋友竟真的就去買了這家公司的股票，從此以後我就不得安寧，他三不五時就問我，這家公司的進一步狀況如何？害我十分緊張，怕害他賠了錢！

所幸這家上市公司十分爭氣，證明我的分析沒錯，這個朋友也真的賺了一些錢，他表示要謝謝我，要請我吃飯。我敬謝不敏，而且告誡自己，千萬不要再大嘴巴，沒事惹來一身麻煩。對這個朋友，我從此不談任何事，因為我知道這個人不能為自己的決定負責任，多話只會變成他抱怨的對象。

事後我跟另一位股市的業內友人談起這件事，他哈哈大笑，說我的這位朋友，完全不懂股市規矩。他說做股票的規矩是：每一個人為自己的決定負責任，不能去打探消息，因為任何進一步的詢問，都會造成別人的緊張，對別人形成壓力。

這位股市行家進一步分析：不論聽到什麼消息，或者是明牌，都只能靜靜地聽，如果決定隨之進場買賣股票，也不要告訴別人：「我聽了你的話，買了什麼股票」，這句話隱含了壓力，隱含了別人要為你負道義責任，會造成很大的不愉快。

最上道的投資人是自己負責。賺了錢，事後謝謝提供訊息的人；如果賠了錢，則雲淡風輕，絕口不提，不要讓任何人知道，以免大家難堪。

聽到這種股票市場的潛規則，我不能不承認在股市這種高潮起伏、利益攸關的行業，果真有其成熟的一面。而「為自己的決定負責任」更是每一個人都該養成的習慣。

承認自己的錯誤

問題是每個不肯為自己的決定負責任的人，大都渾然不自知。當有任何好事，或事情的結果與預期相符時，這種人通常會認為是自己的能力強，自己做了正確的決定，才會有好結果。但當事情不如預期時，他們就會說：「我是聽了你的建議……」、「都是誰害我這樣做……」這種人會很「理性」的分析出，這些壞事都是因為別人的錯所造成的，他們自己都是別人錯誤的受害者。

這種不肯為自己的決定負責的人數量非常多，能真正承認自己錯誤的人，則非常少。這些不愉快的經驗，讓我面對諮詢或被要求給建議時，通常三緘其口，佯裝不知。因為開口之後，很可能要為別人的決定負道義責任，這是太沉重的壓力。

其實沒有人能不為自己的決定負責，不論是傷害或成果，都是當事人自己要面對。而所謂的不負責，只不過是嘴巴上找個藉口，把責任賴給別人，好讓自己愉快一些罷了，這種有百害而無一利的事，只不過為了讓自己比較不難過而已。

後記：

大多數人問問題，並非真想排難解惑，只不過是希望得到自己想要的答案。而一旦別人給的建議不中聽，就可能引來不必要的爭辯。如果你是這種人，奉勸你，人生的路，自己勇敢的走，其實沒有人能給你好的意見。

12. 當家作主，捨我其誰

我要自由，不要被限制！因此在人生中走上了管理的路，因為要管理自己，也順道管理別人，這是偶然，也是必然。

許多人徘徊在要不要成為管理者的十字路口，只獨善其身還是服務別人？我走上管理者的路，高潮起伏、變幻莫測，歡迎有志者一同領會。

大學畢業，入伍服役，是台灣年輕男人的必經之路。那時候我先做了一個決定：不考預官，入伍當兵。不過就在預官考前兩週，遇到一位正在當兵的學長，他告訴我，不考預官是個錯誤的決定，他在軍中，因為是職位最低的二兵，一切受制於人，完全沒有自己的時間，處處受限。而同連一個大專預官，有自己的房間，做管理的工作，神氣不用說，重要的是能自己安排時間、能自我管理。他非常後悔沒有考預官，也勸我不要放棄，應爭取當預官。

經過學長的勸告之後，我花了一個多禮拜的時間，全心全意準備預官考試，我決定用十天不到的努力，換取將近兩年的自由時間。

我順利考上預官，當了兩年的中華民國少尉輔導長，協助連長官管理一連的軍人，優游自在，管理自己，也管理別人。兩年中我也觀察小兵的生活，他們是軍隊的最底層，平時是辛苦的工作者；戰時則是最危險、最容易被犧牲的戰力，我確定選擇當軍官是正確的。

這個經驗，讓我深刻體會人類體制中最現實的一面，不論在任何組織中，都有兩種人：一種是管理者，一種是被管理者；一個制人，一個受制於人。自己管理自己，輕鬆愉快；被別人管理，受制於人、沒有自由、痛苦不堪。在紀律森嚴的軍隊中如此，離開軍隊，任何的組織，也是用這種兩分法，區分兩種人，區分兩種命運，形成兩種人生抉擇。

自己的命運自己決定

管理者，最具體的表現是組織的領導，是團隊的主管。領導者管理團隊中的一切，分配工作、設定目標、訂定規則、分配所得與成果。權力架構、指揮系統讓主管可以決定一切，用他相信的方法做事，決定組織命運、決定自己的命運，當然也相對的決定了團隊內其他工作者的命運，這是「一人有慶，兆民賴之」。

管理者是工作分配者、是目標設定者、是遊戲規則制定者、是糾紛爭議仲裁者、是資源配置者、是路徑探索導引者、是當大家意見爭論不休，莫衷一是時，最後下決定的人。管理者替組織內所有的人服務，負重大責任，也享受最大的成果，管理者擁有權力、享受自由，如果他做得好，他更會贏得尊重，這可能是名利雙收的工作。

而被管理者是芸芸眾生、是油麻菜籽，命運被別人決定，工作聽別人差遣，時間被別人控制，所得回饋也看別人臉色。管與被管的差別，就好像風行草偃，而不幸的，每個人都要在這兩種角色間做個決定，是要制人還是受制於人？是要管人還是被管？

當然，只是做出決定還不夠，因為不是每個想成為主管的人都能如願，你還要能通過組織的考驗，但認清這個管與被管的現實，卻是每一個工作者必須仔細思考的過程。你可以決定一輩子做個被管的工作者，也可以決定用輕鬆的工作來面對人生。只要選擇了，面對被管的結果也要坦然接受，也要有在食物鏈的最底層、隨時會成為別人充飢食物的準備！

後記：

❶這篇文章引起部分讀者的抗議，質問我難道不知道不是每個人都合適當主管，而且當主管也很辛苦，為什麼要用這麼絕對的二分法，把人生弄得這麼現實？我同意這個抗議，但我要承認，我的態度是積極面向挑戰，期待明天會更好，我只是把我的想法與大家分享。

❷無法成為主管的人，可以在專業上追逐，成為專長工作者，擁有特殊技術、技能，那也是另一條路。

13. 老闆的劫難：如果遇到壞老闆

每一個人都期待當自己的主人，但極少人能如願，大多數的人難免要被別人所管理，而這個管理你的人就是「老闆」，他可能是真正的大老闆，也可能只是個中間主管，但你都要看他的臉色。

而所謂的「老闆」，可能只是職位高於你，卻未必能力、道德高於你；他們更可能是不稱職的老闆，很不幸的，每個人都需要與這些不稱職的「壞老闆」為伍。

一個網友在我的部落格上留言，希望我不要老是用老闆的心態想問題，因為大多數的人都是員工，希望我多從員工的角色提供建議。而這個建議也引起一些網友的認同，也建議我用員工的心態寫文章。

這件事讓我相當疑惑，我自覺一向是從工作者的角度看世界，雖然我也建議要「認同公司、相信老闆」，但我更強調的是工作者的自由、自主與被尊重，但為何會引起讀友的誤會呢？

我仔細回想自己的成長歷程，我發覺我的人生有兩個截然不同的階段：一個是學習中的工作者，那時我沒有任何談判籌碼，只能乖乖的聽老闆的話，默默的做事。第二個階段是學成的我，這時我的能力超凡，是組織中的明星，老闆靠我撐場面，這時老闆幾乎全然聽我的，我擁有完全的自主權。

確實，現在的我都假設工作者有完整的能力（第二階段的我），不需要看老闆的臉色，就算主動積極配合老闆做事，替公司賺錢，也是我自己心甘情願，因為即使遇到壞老闆，我馬上就會「開除」老闆，多說一句話都是多餘。

所以我大聲疾呼，站在公司、組織立場做事，因為不會有「壞老闆」（壞老闆早已被我開除，我早已離開那家壞公司），只不過對大多數工作者而言，如果他還在學習階段，還沒有足夠的談判籌碼，只好接受壞老闆的折磨，當然對我的大聲疾呼替公司說話，感到不平！

我終於找到問題所在：工作者在自我能力不足時，經常受到老闆（公司）的不合理要求，他們要如何自處呢？

我開始回想我的人生第一階段，沒有籌碼，只能默默努力工作的時候，我如何應付壞老闆呢？

我遇過的壞老闆還真不少，有的人脾氣暴躁、毫不講理；有的老闆唯利是圖、私心很重；有的老闆耳根軟、愛美女，不能公平對待每一個人；有的老闆年紀大、經驗過時、想法老舊，已經無法應付當時的變化；還有的老闆注重細節、僵硬刻板，工作會累死一干人等；當然更有老闆欲壑難填，訂出來的業績目標，是你拚出全力，也可能無法達成。

總之，壞老闆之多，真如恆河沙數，壞老闆各式各樣的行徑，真是罄竹難書。可是回憶起來，他們好像沒有留給我太大的困擾，原因無他，當時我心中只有一個目標，我全心全意在學習自己想學的東西，我全心全意在累積自己的工作經驗，我全心全意在擴張自己的人脈，而公司所提供的是一個工作舞台，我在這個舞台上，全心全意的在鍛鍊自己。

所以壞老闆是無所不在的，但我心有所思，完全不把壞老闆當作一回事。我設法用最簡單的方法應付他們，把他們的不合理都視為合理，努力配合他們、滿足他們，然後留給自己最多的時間、空間，去學習我自己所設定的目標。

我就是這樣度過自己的人生學習期，我也很快擁有足夠的籌碼，與老闆平起平坐。所以我對所有工作者的建議；不聽、不看、不想、不在意壞老闆，全心全意專注在自己的成長吧！

後記：

❶老闆一定有缺點，如果有幸遇到一個完美的老闆，那你一定三生有幸、祖上有德，所以絕不要期待遇到好老闆，老闆一定不完美，一定是某一種型式的壞老闆。

❷在自己能力不足時，其實沒有資格挑老闆，因為你也是某一種型式的「壞員工」，所以著眼於學習、培養自己的能力，才是能力不足的「壞員工」沒做的事。

14. 老闆的劫難：我愛壞老闆

如果把老闆放在好壞的天秤上，絕對的「壞老闆」與絕對的「好老闆」一樣稀少而罕見，大多數工作者眼中的「壞老闆」，都只是有某一些你無法忍受的缺點而已，學會和「壞老闆」相處，其實是工作者的必修課。

一個網友留言給我，他要替壞老闆說說話，原因是我寫過一篇文章：〈如果遇到壞老闆〉，建議讀者可以用腳投票，遠離壞老闆。他舉例，有一個老闆脾氣壞，會用三字經罵人，但追隨這個老闆的人，沒有人說他是壞老闆，因為這個老闆重情義，會為員工爭取福利，遇到困難一力承擔，就算真要資遣人，也會替員工爭取到最優厚的資遣費……。

這則留言讓我仔細思考壞老闆的問題，我忽然發覺，在我內心中，我竟然不討厭「壞老闆」，反而還對「壞老闆」十分思念，甚至我還相當喜歡壞老闆，我忍不住要說：「我愛壞老闆」，這是我從未發覺的內心真相。

我的第一個老闆，只關心公司的業績，對我這個剛進公司的員工，從未關心過。甚至連我要結婚時，都沒有提醒我可以向公司申請結婚補助，在我的婚禮中，孤零零的掛了一個長輩送的喜幛，我的同事問我，為什麼沒有董事長的喜幛，這是基本的員工福利啊！這時我才知道原來我的老闆完全不重視我！

我的第二個老闆，只知道把我的表現當作他升遷及鬥爭的籌碼，要我跟著他轉調部門，以給他的老闆難堪。但沒多久，他有機會就離開了，把我孤零零的丟在一個陌生的地方。

我的第三個老闆，僵化不講理，脾氣又壞，做的決策又常出錯，弄到我無所適從……。

就不用再往下數了，還有第四、第五、第六……個壞老闆，我的人生似乎經常與壞老闆為伍，好老闆雖然有，但少之又少。

可是對這些所謂的壞老闆，我卻從來沒有抱怨。因為第一個壞老闆，後來知道我的能力，十分重視我；第二個壞老闆，在一起工作時，也曾教我許多基本的工作方法；第三個壞老闆，心腸軟，其實私下相處還不錯……。

雖然他們都可能被歸類為壞老闆，但是從他們身上，我都得到一些收穫。這一筆人生的帳，我似乎永遠算不清楚是得是失，而在舞台不斷轉換時，我也習慣了不再去數落壞老闆的不是，反而經過時間的洗禮，大家還變成朋友。

而經過這一次仔細思考，我想通了其實天下的「壞老闆」真的很少，就像真正的「好老闆」一樣極為罕見。我們常說的壞老闆，只不過是有一些你無法忍受的缺點而已。

反而是每一個「壞老闆」都讓我成長：

嚴厲的老闆，激發我的潛力，讓我快速成長；

暴躁的老闆，讓我學會低頭，閃躲逃避；

自私的老闆，讓我知道人心險惡，要明哲保身；

龜毛的老闆，讓我跟著注重細節，學會小處著眼，處處小心；

欲壑難填的老闆，讓我知道未雨綢繆、多做準備，以應付額外的需索；

而無能與笨老闆，提供了我更多自主的空間，讓我有更多表現的機會。

我確定自己喜歡壞老闆，因為壞老闆讓我有更多的可能，提供不合理的考驗，讓我快速成長，是我紅塵俗世的領路人。

後記：

❶說「我愛壞老闆」，或許有人會說我唱高調。但是我打從心裡這麼想，因為我大多數的特異工夫，都是這些「壞老闆」教出來的。

❷佛家說：大修行人不是不墮因果，而是不昧因果。指的是大修行人不是遠離紅塵、不生不滅，而是入紅塵、墮因果，但自有相處之道，不受因果所困、所昧。工作者亦復如此，沒有人能遠離「壞老闆」，只是不為「壞老闆」所困，當然如此視「壞老闆」為紅塵中的考驗，以成就自己的能力，那就能成就更高的境界。

15. 中階主管的劫難：主動出擊、向上管理

職場中，老闆往往站在主導的地位，他下令、他出題、他說話，而部屬只能等待、只能接受。但光只有這樣是不夠的，有時候，你必須主動出擊才能免於劫難。

一個部屬在我升了另一個人當主管，而沒有選擇他之後，主動「約談」我，他很誠懇地問我，他需要改進些什麼才能繼續進步？才能獲得公司更大的重用？

另一位主管，接手一個重要部門在默默工作一年之後，開始頻頻主動出擊，為這個部門設定新目標，改造新流程，而且每一次都要我這個已成「精神領袖」的上層主管參與。他告訴我，他的改革，他並沒把握，他需要我的協助。

還有一位年輕的工作者，或許是想要吸引我對他的注意，不斷的寫e-mail給我，提出他對公司的一些看法和意見，由於他的意見並不成熟，我回信要他有想法直接與他的直屬主管溝通，但也對他留下印象。

這是三個與上級主管互動的案例，都是部屬「向上管理」的故事，可彙整出向

上管理的一個核心概念：部屬出題，老闆接招。

一般的組織生態，主管綜理全局，所有的人都接受主管的安排；主管出題，部屬接招。我們都按老闆的指令辦事，老闆設定目標，部屬努力完成。只不過老闆隨時出招，天馬行空，大多數時候都讓部屬措手不及，窮於應付。

因此，向上管理的真義，在於改變這種部屬窮於應付的困境。偶爾也要「部屬出題，老闆接招」，適度取回主動權，才能得到較佳的工作與成長空間。

第一個案例是要老闆說出對部屬的期待、對部屬的看法，也要確認部屬在組織中是否有價值，值得繼續執著等待。

在組織中異動升遷，肯定了部屬的價值。但長期停在原地是什麼意思？這時候主動溝通，就是必要的。而「誠懇」的問老闆，要改進什麼？要學習什麼？更是讓老闆不能不回答的問題，這時老闆的回應，就可感受自己在組織及老闆心中的價值，這是與老闆互動投石問路的第一步。

第二個案例代表部屬已經成功取回主動權。我的這位次級主管，先用一年證明他能順利接掌他的部門，已經獲得相當成果。這時候他為了避免亂出餿主意，他開始主動出擊，先由一次精心策劃的改變開始，確定我的認同。接著動作越來越大，頻率也加快。最後變成我完全不需要下任何指令，他完全掌控全局，他變成一個自信、能幹、能獨立運作的全能主管。

我樂見這個結果，因為長期已建立了高度的信賴。

第三個案例則是錯誤的主動出擊。老闆通常是危險動物，他們沒耐性，但喜歡好點子，對不出色的意見，他們不會體諒，他們只會覺得你孟浪、你多事、你不知輕重。

因此要主動出題給老闆，要小心謹慎、要仔細培養自己的能力、要謀定而後動。像第二個案例中的主管，他沉潛一年，完全按我的指令辦事，摸透了所有的事後才主動出擊。否則一擊不成，只會留給老闆不佳的印象。

後記：

❶我從沒有「約談」過老闆，所以當第一個部屬主動「約談」我時，我有點措手不及，但我很快就感受到這是一個好方法，因為他的「誠懇」、他的虛心，讓我體會到，過去我確實忽視了對他的關心，從此以後，我就沒有少過對他的注意。

❷第二個部屬則是一個十分傑出的工作者，他一方面深思熟慮的做事，一方面又把我捲入其中，讓我有機會隨時給予協助，所以他幾乎沒有做錯事，逐漸成為一個好主管。

❸寫信給老闆則是我常做的事，因為我口不擇言，面對面的溝通，常常摩擦起火，所以每當敏感的關鍵時刻，我通常以文字溝通。因為在發信之前，可以反覆琢磨再三，確定一切四平八穩時再出手。

❹文字溝通不宜常用，且要注意要言不煩，否則會給人瞻前顧後、猶豫不決的反感。

16. 預見未來之法：你的透明度有多高？

人無遠見，必有近憂，此話人人熟悉，但真能遠離近憂者少之又少。這篇文章就是在探討如何讓我們在每天例行的工作之外，再多做一些事，嘗試對未來能預為因應，這是預見未來的方法。

金融海嘯之後，有一次去一家台灣知名的高科技代工公司演講，與負責人聊到今年初他們公司的營運驚險萬狀，因為訂單的透明度只有兩個月，幾萬個人的工廠，再加上品項複雜的產品備料，一般而言，沒有六個月的訂單週期，公司的營運非常困難。而當時訂單只有兩個月，全公司都像熱鍋上的螞蟻，sales急著搶訂單，而生產線上更像救火一般，一有訂單就要急著備料、安排生產線。一切都是急、急、急，一直到第二季末一切才慢慢穩定下來。

這是我第一次感受到「透明度」的重要，透明度會影響公司的成敗，會決定公司的命運。

以前我理解的「透明度」，是用來觀察公司的財務狀況，透明度高的公司，外界的分析師很容易理解公司的營運狀況，不會有任何意外發生。

經過這次經驗，我開始用「透明度」來觀察所有事務，在每個月的營運檢討時，我開始問所有的營業主管，對未來營運狀況的估測，結果得到令我意想不到的理解：

最優秀的主管，可以清楚描述未來半年的營運狀況。他會告訴我，到第三季結束，所有的業績目標已經可以確保完成；至於第四季的目標，現在正在做幾項專案，如果順利，那全年的預算都已經在掌握中。

稱職的主管則告訴我，未來一至兩個月他很清楚，但超過三個月的業績他就無法預測。

不稱職的主管，連下個月的業績他都還在努力奮戰，超過一個月以上根本沒想過。

簡單歸類，好主管營運的透明度有半年以上，一般主管透明度為一季，而不稱職的主管只有一個月。

再進一步追蹤，好壞主管之間的差異在於對未來的預測不同。所有的主管都很努力工作，可是好主管會仔細預測工作成長，一旦發覺工作成果如不能達成原先設定的目標，立即會再「做一些事」，去強化成果，或者開拓新業績。而不稱職的主管就只是按現況努力工作，然後就等待結果。

同樣的思考，複製到我自己的工作上，我嚇出一身冷汗，我發覺我們公司的營運透明度很高，我完全能預測未來一年的業績成果。但是我們所處行業的透明度則完全不明，我甚至不知道我們這個行業未來在世界上還存不存在，主要的原因是紙媒介受到數位科技的衝擊，正面臨歷史的大轉折。

同樣的思考，回到我的人生規畫，現在的生活方式，我還能維持幾年？現在的人生軌道，未來會怎麼走？我能預測我未來一年、兩年，還是三年的生涯歷程呢？

想完這些事，我心情豁然開朗，原來我的不安和透明度有關，我因為不知道明天會如何、我因為不知道我所工作的行業未來會不會存在、我因為不知道公司未來的營運好不好，這些不明讓我不安，這些都是透明度的問題。

我決定在每天的埋頭工作中，抬頭預測一下工作成果，想一下環境變動，然後調整一下現在的工作方法，來增加未來的透明度。

後記：

❶透明度其實是結果，不是原因，當我們把所有的工作做好、做透，把所有的能力都學成、學通，那我們的體質是健康的，我們做任何事都胸有成竹，所以「透明度」是結構問題，而不是技術問題。

❷時間管理上有所謂的緊急與重要的說法，大多數的時間都會用在緊急的事情上，更重要的事反而會被忽略，但忽略了重要的事，結果是招致更多救火與緊急。而透明度的思考也一樣，我們現在不想未來、不預做準備，最後所有的事都會變成緊急的救火工作。

❸所以透明度等於成熟度、等於熟練度、等於體質健康度，能力強的工作者、主管，其透明度越高，工作成果的掌握度也越高，要掌握未來，最基本的方法是練好所有的基本工夫。

❹透明度的技巧只有一件事：不論我們現在多忙、多急、多危險，一定要空下一些時間想想未來，為未來預做一些準備與布局。

17. 負不該負的責任的完美工作之法：我打過電話了！

每一個人都有分內的工作，但做完分內的工作，並不代表你的績效會很好，因為有許多外部的事務會影響你的工作成果，如果不有效的管理這些外部事務，你的工作成果不完美。

這是從一個總機小姐身上得到的啓發，我稱之為「完美工作之法」，要完成完美工作成果，就是要管你不該管的事，要負你不該負的責。

約了一個心儀已久的企業家，談一件非常重要的事，時間是上午九點正，因為見面地點有點遠，而且路徑我也不熟悉，因此我早早就出門。沒想到一路順暢，我八點剛過就到了見面地點。由於時間充裕，我有空散散步，理一下思緒。

一直到八點五十分，我向樓下接待櫃台表達來意，請她通知祕書，我已到達。為了慎重起見，我還強調，我的預約時間是九點。

我在大廳中散步，等候通知，沒想到接待櫃台一直沒有回應，眼看九點就快到了，我開始著急起來，我實在不想早早到達，最後卻落得遲到的結果。我再度詢問接待櫃台，她們回答我：我已打電話通知了，但分機沒人接，你再等等吧！

不得已，我只好打手機聯繫，原來安排會議的人離開座位，所以沒接到電話，他也正在納悶，一向守時的我，何以未見蹤影？經過一番折騰，我終於趕上九點的約會。

這一句「我打過電話了」，一直徘徊在我心中，企業經營的多少問題，都是因為這一句話而產生，每一個人都有清楚的工作職責，有許多你該做的事。櫃台接待小姐的職責，當然就是要通知相關人員下來接待客人，她要立即打電話，絕不能拖延。但電話打了，沒通知到人，那該怎麼辦？如果時間不急，等一下，也就聯繫上了，事情也就過了。偏偏我的事很重要，我的約會很重要，我也早早到達，但卻因聯繫不上，差點讓我錯過時間，原因就是「我打過電話了」，沒聯繫上，不關她的事，我只能等。

這是組織管理上的大問題，大多數的工作者都是照章辦事，這件事我做了；那件事，我告訴過你了；我曾經要打電話通知你，但你不在……。這樣的事，在組織中每天都在發生，每個人都做了他該做的事，但事情沒有真正完成，問題沒有真正解決，但這「我又能怎樣呢？」所以這不干我的事，這事我不需要負責。

想清楚這些事後，我不再怪罪接待小姐，她沒錯，她只是個一般的工作者，只能做到這樣，這也是百分之八十的工作者正常的水準，她能照章辦事，已經不錯了！

可是如果是一個傑出的工作者，就不只是這樣，他會把事情真正做完，徹底解決。該他負責的，他一定會負責完成。就算不該他負責，只要工作和他有關，他也會想盡方法協助完成。這種工作者是極少數的族群，也是會快速成長的族群，而他們的熱心、他們的負責、他們的主動，很快就會被組織所認同，進而成為組織中積極培養的主力工作者。這種主動、積極、有潛力的工作者，通常只占總數的百分之二十，並不多見。

再有效率的組織，都只能訓練出一般的工作者。要避免成為「我打過電話了」，其餘不關我的事，不能靠組織的要求，只能靠工作者的認知與覺醒。想成為傑出的百分之二十，多想想自己的作為吧！

後記：

❶我非常認同accountable、accountability這個觀念，這是近三十年來，西方管理體系中很重要的概念，讀者有興趣可以閱讀張文隆先生的《當責》一書，這個概念，我把它簡化為「為你不該負的責任負責，為你不能負的責任，嘗試做出改變，並負起責任」，這也就是不只做分內之事，要為你的工作結果負一切責任，並確保結果的完美。所以總機小姐絕對不可以「我打過電話」就算了，因為結果不完美。

❷仔細探究，這許多不完美的結果，通常都是每一個人都做了該做的事，但事情還是沒完成，所以沒有人該負責。但這絕對不是好的組織、好的工作者可以忍受的，所以總要有人挺身而出，而那個人就是當責工作者、主管，這是超完美工作者的境界。

❸有許多老闆告訴我，他們辦公室充斥著「我打過電話了」的案例，這說明了大多數的公司都各司其職，但大多數的工作者只是一般的工作者。

18. 我可以知道妳的名字嗎？

做好分內的事，是負責；為自己不直接相關的事負責，是當責。當責是現代企業經營最熱門的話題，這個故事說明了個人當責的真義。

從台北到吉隆坡的飛機上，我與空中小姐的一番對談，讓我更深刻體會個人「當責」（accountability）的意義。因為是臨時行程，我的祕書沒有幫我訂到素食餐，所以在勉強用餐之後，我請來空中小姐，告訴她後天我會從吉隆坡回台北，可否請她幫我代訂素食餐。

空中小姐的態度很好，她告訴我，會轉告地勤人員，請他們處理。我有點不放心，再問：「妳真的確定我可以在回程吃到素食餐嗎？」她再次回答：「我會轉告地勤人員處理。」

我抬頭望著她，極為誠懇且認真的告訴她：「十分謝謝妳，我可以知道妳的名字嗎？這樣當我回程時，吃到可口的素食餐時，我才知道要感激誰！」

空中小姐愣了一下，遲疑的給我看了她的名牌，然後認真的告訴我：何先生，你放心，我會追蹤這件事，你一定可以吃到素食餐。接著她問我：「要吃哪一種素食餐？要東方素、西方素，還是印度素？」我因為沒吃過印度素，所以挑了印度素。

果真，在我回台的航班上，我吃到了素食餐，雖然印度素的口味我吃不慣，但畢竟我如願吃到了素食餐。

我不是個挑剔的人，但這個經驗讓我再度活生生的體驗「個人當責」的意義。很明顯的，空中小姐第一、二次的回答，她做到了「負責」，她承諾了會轉告地勤人員，但她不能保證地勤作業是否會確實，她也不需要為最後的結果負責任。

可是當我以感謝她熱忱而貼心的服務為理由，不死心的追問她的名字時，她決定做出「當責」的承諾，為這件事的結果負完全的責任，所以她給了我一個十分肯定的答覆，讓我對她所屬的航空公司有了更完美的印象。

在剩下的行程中，她與我有了更多的互動，也對我有更貼心的照顧，顯然這一段對話，讓她更加倍且仔細的服務我。

企業組織中，充滿了類似的情境。客戶問到了不是你所負責的事，你的回答通常有幾種：（一）這不是我的事，你可以去找某一個部門的人處理；（二）我會幫你轉達給負責的人員，協助你處理；（三）你放心！我會轉告相關人員，一定會幫你完成這件事。

第一種回答比較像公務員，用的是鋸箭法（編註）；第二種回答最常見，是一般受過訓練的工作者負責的說法。可是第三種回答，就是那種比負責還多一點的當責工作者的做法。這件事雖不歸我負責，但我現在決定「own」這件事，這就是我的事，我會確保這件事一定可以完成。

當責的人除了做好自己分內的工作，還會去做他責任範圍之外的事，讓所有的客戶，感受到公司是一體的、是貼心的、是嚴謹的，客戶會得到滿意的服務。

編註：

鋸箭法：語出厚黑學。有人中了箭，請外科醫生治療，醫生將箭幹鋸下，即索謝禮。問他為什麼不把箭頭取出？他說：那是內科的事，你去找內科好了。引用為治事沒有通盤的考量。

後記：

❶把問題捧在手上，連帶把責任捧在手上，並用成果證明問題會被解決，這就是當責。

❷這個故事流傳極廣，並成為解釋當責的案例。

❸現代的領導者必須學會當責，才趕得上時代。

❹有關當責，可參見當責知名講師張文隆的書《當責》及《賦權》（商周出版）。

PART 2

主管私房學

主管是一項專業，需要各種不同專業技能，
不幸的是，企業內缺乏主管的養成訓練，
我花了十四年才學會，
而且是完成後才知道「主管學」博大精深。

第1章

主管必修十堂課

我努力學了五年，在錯誤中我交了無數的學費，
一點一滴我終於慢慢學會當主管，
我才分清楚工作者與主管的差異，
我創業的公司，也才從倒閉沉淪邊緣，
慢慢的浮上水面，逐漸好轉。

自慢的領導者從這裡開始

小職員終於出頭天，成為小主管，雖然能力已經受到肯定，但橫在面前的主管之路，還需要錯誤碰撞，搬石頭過河。

這一章是小主管入門的十堂課，有認知、有觀念、有態度、有邏輯、有方法，都是主管無時無刻不能或忘的原則，只要徹底領悟，一定能成為自信、自慢的領導者，說不定另一個CEO、另一個大老闆就從這裡開始！

19. 一個主管的錯誤告白

我工作二十七年，其中十八年在創業，但是從工作滿一年起，我就當了主管，從管幾個人一直到管幾十個人、到幾百人。可是我真正體會到我是一個主管，而且真的會當主管，是最近十三年的事。換句話說，我在錯誤中，做了十四年的主管，這其中不知誤了多少事？浪費了多少青春？走了多少冤枉路？

所幸我的入門工作很特別，我是記者，在全國最有影響力的報紙工作。因此，當第二年我就升上主管職位時，我只要策劃、指揮新聞採訪，競爭激烈的媒體生態，每天進行的同業間新聞評比，自動讓每個記者全力以赴，主管所需要的管理：激勵、協調、訓練等功能，記者自己會自動完成，完全不需要我這「主管」費心。

一直到我創業，才感覺困難重重，我不知道如何建立團隊、不知道選人、不知道訓練、不知道激勵、不知道協調溝通、不知道如何考評，甚至我連罵人都不會，有一次我想教訓、糾正一個部屬，講了半個小時結束之後，這個人高高興興走了，他竟然以為我在誇獎他！

我知道我的問題大了，我開始努力學習當主管，我也才知道部屬不見得會自動自發，他們需要教育、訓練、規範、激勵，而組織團隊中隱藏著無數的問題，這都需要主管花工夫去完成。

我努力學了五年，在錯誤中我交了無數的學費，一點一滴我終於慢慢學會當主管，我才分清楚工作者與主管的差異，我創業的公司，也才從倒閉沉淪邊緣，慢慢的浮上水面，逐漸好轉。事後我知道，這一切，都是因為我不會當主管、不會管理，我害了自己、害了組織、害了公司，浪費了金錢，錯過了青春與虛耗了時間！

第一錯：自己努力做事

我犯的第一個錯誤是自己努力做事，忘了讓部屬做事。我是一個能幹的人，當了主管後，又誤解了「身為表率」的道理，老是身先士卒，繼續努力自己做，我認為我的效率高，十件事，我做了五件，其他人只剩五件，大家應該都會感激我才對。再加上有些事，別人確實不太會做，我又認為，與其交給他們做不好，我還要善後，不如我直接就做好。就這樣，我忙得像熱鍋上的螞蟻，但事情還是做不好。

直到我想清楚，主管是讓大家做事，以大家的成果為成果，我下決心，除非萬不得已，絕不自己動手，事情就改變了，我得到一個結論，也成為我教育新主管的帝王條款：叫別人做事，別自己做，好主管是：喝茶看報，治大國如烹小鮮，集合眾力完成工作。

第二錯：認為所有人都自動自發

我犯的第二個錯誤是，我是個自愛的人，我最討厭別人說我，我也因此而假設別人會自動自發，做好所有的事，我不會罵人，也不想罵人，頂多只是迂迴的暗示一下。

這就是前面笑話產生的原因，我下了決心，和部屬談他的問題，之前還說了許多肯定的話，怕他不舒服，卻對該談的問題輕描淡寫，結果他以為我在肯定他，而我仍然不知如何是好。

事實的真相是，有人自動自發，有人自律不佳，更有人想法不正確，需要導正規範，我的友善，被部屬認為是是非不明的「濫好人」。好人做死，並心生怨懟，壞人心存僥倖，依然故我，結果是壞幣驅逐良幣。

當我頓悟之後，事情完全改觀。記得在看二月河的《康熙大帝》時，學到一句話：「雷霆雨露，俱是皇恩」，我知道賞與罰，都是主管重要的工具，現在的我，要求規範部屬，熟練到不行，從暗示輕輕說，到明示正經說，到生氣重重說，無所不會。

第三錯：不知也不會給激勵

我的第三個錯誤是不知也不會在口頭上給激勵，這也和我不喜歡別人說我的性格有關，我對自己超有自信，不在乎別人的肯定。問題是我也假設別人不需要多餘的「口惠」，只要薪資上的評價公平就好。

有一次，一個能力很強的同事告訴我，我從來沒有肯定他所做的事，讓我大吃一驚，因為事實並非如此，他值得肯定的事太多了，而我竟然從沒有開口過。

從此我知道，主管的金口有多重要，「愛他要說出來」，不只是有好事要肯定，就算只有進步，但仍然不夠好，也要肯定，因為人是在被激勵中，才會快速學習成長，卡內基訓練不就是以此為核心精神嗎？

第四錯：忽視考核、討厭考核

我不喜歡被評價，尤其是當工作者時，老是被不公平對待，因此當上主管，我討厭考核，也刻意忽視考核。

我相信兩眼所見，也盡可能給所有的工作者正確的相對評價，問題是當我忙於工作，我會忘了許多該做的事，尤其是當管理的人越來越多時（超過二十人），其實你兩眼所見的評價，已經開始失真，你會看不到許多默默不顯眼的工作者，這時候一個客觀的考核方法就是必須的。

不要自視聰明，聰明人尤其看不到那些努力做事、但並不聰明的人的貢獻。

第五錯：不會當裁判

好的主管是要讓部屬發揮「一加一大於二」的效益，因此團隊和諧非常重要，而和諧的第一步，不是讓內部沒有爭執不吵架，而是制定好的規則，讓爭執可以被約束與導正，而主管就是這個執法者，是裁判。

我創業的過程中，通常是用較少的人力，因此事情做不好，人力不足成為最大的藉口，我很少想到是團隊內部互動不佳所造成的績效不彰。而我不會排難解紛、不會當裁判，又是關鍵性的原因。

「有理三扁擔，無理扁擔三」，各打五十大板是我常幹的事，當有爭執時，我總是希望和諧，對錯的人不忍苛責，對對的人當然就不公平，結果當然是內部嫌隙頻生，又怎能發揮良好的團隊協調呢？

明快處理、是非分明，是我現在的作風，該裁判吹哨子時，我絕不會遲疑！

第六錯：喜歡聰明人，團隊同質性高

所有人都知道我討厭三種人：「笨、懶、慢」，理論上這三種人在我的組織中都不易存活，這也造成了我組織中的不平衡，團隊成員的同質性高，生態不平衡。

事實上，高效率的團隊應是多元的組合，苦工有人做，聰明的方法也會用，而我期待大家都是聰明人，都行動迅速，結果是有些思慮周詳、緩緩而來的人含恨而去，這是我犯的第六個錯誤。

組成一個複雜多元的團隊，快慢兼備、癡慧融合，是我現在最大的思考。

第七錯：愛護部屬，忘了老闆

或許是同情弱者，在早期當主管的歷程中，我一向站在員工部屬這邊，以他們的角色、立場自居，而忘了老闆與組織的存在。

一旦老闆與部屬有利益衝突時，我通常捍衛員工的利益，尤其在創業初期，我甚至忘了我就是資方，不能給工作者更好的待遇，我痛苦不堪，結果是，公司的營運負擔更沉重。

這應也是大多數主管常犯的毛病，以工頭自居，以工作者利益為先，而忽視了組織的經營能力能否負擔。

後來我做了平衡，主管是「雙方代表」，有時在勞方、有時在資方，在內心你要正確的選擇，讓上下天秤能保持。「工頭」與「老闆的走狗」都不是正確位置。

第八錯：不知主管是專業，忘了虛心學習

我當主管的錯誤當然還有很多，但最後一個錯誤，我用「以為主管是良知良能，不知虛心學習」做總結。

其實主管是一項專業，他需要各種不同專業技能，他需要有正確的態度，他負擔事情的成與敗，他影響到工作者的命運，可是大多數的主管，竟然都是因一種專業技能而升官，或財務、或業務……，可是一旦升為主管，所有的困難都發生。不幸的是，企業內缺乏主管的養成訓練，學院中也沒有「主管學」，每一個人都是在摸索中、嘗試錯誤中完成學習。

我花了十四年才學會，而且是完成後才知道「主管學」博大精深，專業分工細密。但如果我「早知道」，其實一年也可有小成，兩年早可以畢業，根本不需要走這一趟冤枉路。

20. 將帥無能，累死三軍——主管必修的每日格言課

有一句話，做主管的絕不能忘，值得成為放在案前的座右銘。那就是「將帥無能，累死三軍」，沒有部屬、沒有主管、沒有三軍，就算將帥戰死沙場，仍算英雄豪傑，但被無能的將帥累死，那就冤枉了。做主管的要做正確的事、英明的事，因為你身繫團隊的安危，組織的成敗！不要讓部屬成為笨主管手下的倒楣鬼！

一九九九年一個偶然的機緣，我與台灣的房屋仲介業者談成一項合作。由仲介業者共同提供房屋買賣訊息，我們則在這個基礎上，編輯發行一本房屋情報誌，這就是台灣房地產媒體史上轟轟烈烈的《房屋誌》事件。

創刊時數百頁像枕頭一般厚的雜誌，再加上近十萬本的發行量，讓房地產業界、讀者，對我們的手筆與決心都耳目一新。但很快的，我發覺我處在四面楚歌中。理論上，我與所有的房屋仲介業者是最親近的合作夥伴，但實際上，業者之間

本來就有高度的競爭關係與衝突，《房屋誌》這個第三者，順了姑意逆嫂意，兩面不是人，我們如處在暴風的漩渦中。八個月之後，我不得不痛下決心，壯士斷腕，宣布《房屋誌》停刊。

八個月，虧損了八千萬台幣，創下了我所創辦雜誌中最快、最大的虧損紀錄。我的職員及夥伴們的風度，讓我沒有當面聽到任何一句責難。可是《房屋誌》的工作同仁們就沒有這麼幸運了，他們宛如喪家之犬，見到集團內的兄弟姊妹們，似乎每個人眼中都在質問：「你們怎麼會這樣呢？」

我召集了所有《房屋誌》的員工，向他們道歉：「這一切都是我的錯，我做了一個錯誤的決定，選擇了錯誤的合作模式，也選擇了錯誤的戰場，讓我最精銳的隊伍深陷泥沼，我要為我的錯負完全責任。」我也告訴他們：「你們也已經盡力，也打了最美麗的戰爭，你們無需自責，現在我們唯一該想的是，如何讓團隊安全的撤退！」

《房屋誌》的團隊就這樣轉進到經營《漂亮家居》雜誌，他們忍悲含淚、全力以赴，要替公司找回那八千萬。經過幾年，這個團隊又變成擁有六種不同雜誌的催生者，除了新創及調整中的產品外，幾乎本本賺錢，他們又成為我心中戰力最強的綠扁帽！

從此以後，我無時無刻不以「將帥無能，累死三軍」自我警惕，也更體會出其中不同層次的道理。包括認知、實踐、自省與認錯等層次，以及每個層次中，幾種不同的意義與自我要求。

認知、實踐、自省與認錯

首先在認知上，聰明人也常常會做笨事，但為什麼會做笨事呢？輕慢、自以為是，再加上容不下部屬的意見（久而久之變成聽不見部屬的意見），是做笨事的原因。我不斷的告訴自己，我有做笨事的潛質，而我又不能犯錯，一旦我犯下任何一個錯，我們脆弱的公司體質可能從此一蹶不振，而我的團隊，也可能全軍覆沒，這是多麼可怕的事！

光是認知還不夠，要避免「將帥無能，累死三軍」的悲劇，我也為自己設下幾個確實實踐的依循準則：

一、珍惜我團隊的戰力，絕不輕易採取行動：我們的團隊，每天都在例行的崗位上工作，任何新的任務，都會使他們陷入超時、額外的工作情境中，偏偏新生事務又是錯誤的根源。因此，任何新計畫，在不確定可行的階段，完全由我自己規劃、分析、研究，絕不動用他們的戰力；一直到我已經十分確定可行，我的團隊才會參與，當然他們要在完全沒有必然要做的前提下，先完成可行性的分析，才會開始真正採取行動，以避免我「乾綱獨斷」以致萬劫不復的可能。

二、我的命令，他們可以說不；但一旦接受，他們要跟我一起負責。我的團隊有著幫派式「說一不二」的紀律，但受命任何新計畫時，不在此限。這個規則，說來容易執行難。首先要讓他們相信，你絕不會秋後算帳，相信你有足夠的肚量接受。我試著安排某些顯然不聰明的任務，也不斷提醒他們可以不接受，但只要接受就要和我一起負責，由於是明顯的餿主意，他們不得不拒絕，而我對拒絕也欣然接受。久而久之，他們終於相信「拒絕老闆」是可以的。

三、還有一些小事，也是「將帥無能」的象徵，絕對不能犯，這包括：猶豫不決、指令不清、朝令夕改。猶豫不決是主管的大忌。當然很多決策是困難的，主管需要一些時間，但是如果全軍戒備，等待你做最後的決定時，你絕對不可以猶豫不決，要不就解除戰備，要不就盡快決定，否則只會讓你的團隊師老兵疲！

夾纏不休、指令不清是另外一個累死三軍的小毛病。我遇過一個主管，開會時東拉西扯，夾纏不休，發言盈庭，最後回到原點，所有的部屬痛苦不堪，我真想來一個三六〇度回饋評核，讓他聽聽部屬對他的觀感。指令不清也是磨人的殺手，有時候我想不清楚要什麼，卻急著下令去做，結果部屬怎麼做都不對，弄得所有人都痛苦不堪。現在如果我不能開出清楚的任務說明，我絕不下令。

朝令夕改也是思慮不周下的結果，我的想法很多，每件事都很想做，做一半，又有更吸引我的事，結果團隊被我耍得團團轉，部屬沒被敵人殲滅，卻被我累死了。我不斷告誡自己，每一次改變決定，都傷害我的權威，也損傷團隊戰力。

「將帥無能，累死三軍」的最重要層次是反省、認錯、負責，也是當主管真正犯了錯之後唯一的善後方法。《房屋誌》的結束，我就是秉持著這個原則來做。這是培養主管與團隊之間信任與信賴的關鍵。如果主管有過一次逃避責任的紀錄，部屬將知道你不可信賴，做任何事絕對不會全力以赴，他會留三分力防你，防你棄船逃跑、防你爭功諉過。想想你有多麼不齒這種老闆，你就會有勇氣反省、負責、認錯，而不是逃避。

後記：

在傳統的垂直指揮體系的組織中，主管權威是高高在上，「將帥無能」的說法僅能流傳在可憐的工作者之間。但在開明的組織中，主管的壓力鍋已經鎖不住錯誤，市場上流行的「向上管理學」，不就顯示出部屬們對新手當主管的反撲嗎？看來，「將帥無能，累死三軍」絕對是主管們必修的第一課。

21. 大碗喝酒，大塊吃肉——主管必修的目標設定課

主管帶一群人打江山，目標何在？搞革命、談理想？創大業、做大事？這是聖人偉大的志業。但最基本的，還要把偉大的事轉換成具體目標；那就是成果、賺錢、回報、回饋，讓團隊過好日子，在水滸傳中，大碗喝酒、大塊吃肉，然後大秤分銀的說法，就是主管不能忽視的目標設定課。

西元一九八七年，蔣經國去世前一年，台灣正處在劇變中，開放黨禁、開放報禁，都在這一年發生，而鎖住台灣資金流動的外匯管制，也在那一年的五月宣布解禁，每人每年可匯出五百萬美金。《商業周刊》就在這樣的劇變中創刊，試圖為台灣的新局面，呈現一份新時代的財經新聞週刊。

那時我擔任總編輯，帶領了一群有經驗而且默契極佳的核心編輯，努力的生產內容。其中三位編輯是我在另一本刊物工作時的夥伴，年輕但有熱忱，戰力極佳，

但因初始能力不足，一創刊，我們就陷入長期虧損的無盡煎熬。這其中，我最痛苦的就是「核心團隊」陸續求去，三年之內，原來倚為左右手的編輯們，都在報社及其他傳播媒體的挖角下，陸續離開，而且每一個人的離職模式都一模一樣。

通常他們第一次有好機會要離職時，我訴諸理想：「我們有機會創辦一本全新的雜誌，現在的困難應是短期的，再熬一下就會過去！」他們就留下來了。

第二次他們又想離職時，我訴諸情感：「我知道公司很辛苦，你們也很為難，可不可以請你們繼續幫幫忙！」由於彼此相處融洽，他們對我這個不中用的師父也只好繼續忍耐。

但是通常過不了多久，他們的第三次機會很快就發生了，這時候我知道已經留不住了，因為理性、感性說服都已用盡，人家也算仁至義盡，有商有量，我還有什麼話說呢？我只能怪自己無能。

把理想藏起來，只想今天的事

這是我在《商業周刊》前幾年的慘痛經驗。而每一個人離職，對我都是無情的打擊。可是我不知道我犯了什麼錯，也不知道我該如何改變。最後一個離職的「核心戰將」說了真話，我終於如雷貫耳、恍然大悟。

他說：「老大，我知道辦雜誌要有理想，我也知道你有理想，你也是個好人，而我們也不是沒有理想。問題是我們也不能不想現實啊！我們跟著你除了實現理想之外，也想『大碗喝酒、大塊吃肉』，而不是新亭對泣、楚囚相對！」

我回想當時的狀況，公司虧損累累，一再增資，每天愁雲慘霧，離「新亭對泣」也相去不遠了。我們剛創辦《商周》時的豪氣，早就消磨殆盡、前路茫茫，我如果不能改變這種惡劣的處境，我把這些前程似錦的小朋友留在身邊做什麼？我有什麼顏面見他們？

我反省自己到底犯了什麼錯，其中當然最大的原因是：雜誌不受歡迎、公司賠錢。可是這背後的原因呢？是我能力不足、欠缺方法、重視過程、不重視結果、太理想化、不夠現實。簡言之，我的問題是：有想法、沒方法、太浪漫、不務實。

大徹大悟之後我開始把明天藏起來、把理想藏起來；我只想今天的事，我下決心一定要先讓公司賺錢，因為賺錢是實踐理想的前提，也是走向理想的手段。

「填飽肚腸，再談理想」，是每一個企業經營者的第一課，尤其你是領導人，想的不只是自己的肚腸，更要想的是所有團隊成員的肚腸。或許你可以自律甚儉，但絕不可以要求組織成員勒緊褲帶，短期或許可以，但長期絕對不行。

主管要替團隊爭取最大利益

主管雖然不負企業經營的最後成敗責任，也無法決定員工所有的所得，但也要為組織（單位）的成果負責，而成果最終也會決定員工實際的物質收入。

如果你的公司是賺錢的公司，那中級主管的責任是把自己的團隊，變成好公司中的明星團隊，享受最大的光彩與待遇；如果你的公司狀況不佳，中級主管的責任則是用自己的能力，讓團隊變成公司中流砥柱，至少擁有過得去的待遇。

不幸的是，大多數的中級主管，只是享受做主管的權力，但並不以員工的肚腸為己任，而把責任推給老闆，不知道可以靠自己努力，稍微改變員工的物質情境。

中級主管會犯這樣的錯誤，通常來自於一個觀念：認為自己只是受命完成某一種任務，其成果受制於公司的情境、產品、實力，因此無法為成果負完全責任，所以，通常只重視是否完成公司所交付的任務，而忽視成果。缺乏用一己之力突破公司情境的限制的勇氣，以至於無法替團隊成員爭取到最大的利益。

我的結論很簡單，只要是主管，不論是老闆還是中級主管，都要為工作者的肚腸負責。「大碗喝酒、大塊吃肉」是世俗的說法，「民之所欲，常在我心」是高深的說法，但說的都是同一件事。

後記：

「塡飽肚腸，再談理想」，是每一個企業經營者的第一課，尤其你是領導人，想的不只是自己的肚腸，更要想的是所有團隊成員的肚腸。主管雖然不負企業經營的最後成效責任，也無法決定員工所有的所得，但也要為組織（單位）的成果負責，而成果最終也會決定員工實際的物質收入。不幸的是，大多數的中級主管，只是享受做主管的權力，但並不以員工的肚腸為己任，而把責任推給老闆，不知道可以靠著自己的努力，稍微改變員工的物質情境。

22. 貪婪老闆，貪汙員工——主管必修的道德操守課

有貪婪的老闆，就會有貪汙的員工，老闆的道德標準是員工道德標準的上限，尤其是在道德操守上，老闆的所作所為，絕對是公司每個人的「榜樣」，而身為老闆者最好的態度是：如果公私難定，凡對公司有利者，歸公司；凡對公司不利者，歸個人。這樣做或許有矯枉過正之嫌，對個人也未必公平，但如果你是個有格局的大老闆，或者你現在仍是小主管，對未來期許甚高，你就要用這樣的標準自我要求。

台灣的股票市場中，有一些股票是大家都認為不能投資的，因為這些公司的老闆，以買低賣高、坑殺投資人出名，因此投資圈都知道要遠離這些地雷股。而這些股票中，又有一家老牌上市公司最令我印象深刻，這個老闆一向以現實與快狠準出名，他自稱「形象不重要」，公司實力最重要。

他也是出了名的什麼錢都要賺，只要能獲利，大小不拘。公司買大樓，他可以

拿大回扣；公司買設備，他則要中回扣；公司登廣告，他也「江海不擇細流」，小錢也可。後來公司變大了，他因為管不到小事，所以「抓大放小」，但是市場上也都知道，這家公司的股票千萬不能碰。

我非常好奇，像這樣的老闆，如何帶領公司、經營公司？

我仔細觀察，發覺他的員工每個人都戒慎恐懼、小心謹慎，因為老闆太瞭解「市場行情」了。可是，表面上沒有人敢在太歲頭上動土，每個人都清廉自守，在精明的老闆手下，收回扣搞錢絕對不是聰明的舉動。

但事實是這樣嗎？當然不是。在這家公司規模尚小之時，老闆的親力親為，精明過人尚夠用；但後來變大了，情況就改觀了。

老闆管不到所有的流程、所有的環節，結果是，所有的主管都「靠山吃山，靠海吃海」，群起效尤，大主管收大錢，小主管收小錢。表面上公司仍然要求員工要廉潔，但是公司上上下下各有好處，偶爾有一、兩件事做得太離譜了，也有主管被處罰，但公司內貪婪的氣氛與結構依然不變。

這個案例，我感受到的不是公司內是否廉潔的問題，而是老闆對公司、員工以及組織文化的影響。有貪婪的老闆，就會有貪汙的員工，老闆的道德標準是員工道德標準的上限，尤其是在道德操守上，老闆的所作所為，絕對是公司每個人的「榜樣」！

利益迴避、公私分明

大多數這種貪婪老闆，是絕對不會容忍員工占公司便宜的，因此他們自己在偷公司的錢時，通常會極為隱密，務期最少人知道，而知道者也都是親信。問題是，夜路走多了難免會遇到鬼，再加上出賣老闆的通常都是親信，日子久了，老闆的所作所為，全公司絕對都知道，只有老闆仍以「國王的新衣」自欺欺人。

而當老闆的道德操守與貪婪面目被員工認知之後，組織內「道德愛滋病」就發作了。執掌公司內道德天秤的老闆，對不當財富免疫不良，整個組織也就跟著免疫不良，最後的結果，就是道德的惡質化，整個組織向下沉淪，逐步走向衰亡。這就是「貪婪老闆，貪汙員工」的道理。

這些模糊的界面，可分為兩大類，一類是利益迴避，另一類是小事的公私分明的態度。

有一家知名的台灣保險公司，由於業務龐大，各種保單、宣傳品等印刷品的數量繁多，這就是一筆極大的生意。長期以來，這個印刷生意都是由老闆的親家在把持，每一個人都知道這是禁地，沒有人會去追問其中詳情。

這就是一個明顯的例子，這個老闆尚稱清白，但這種事如果做多了，仍然會給員工「占公司便宜」的印象，也可能造成員工群起效尤。

每一個上軌道的公司，都會有清楚的採購規範、採購流程，如果一切照章辦理，當然沒有前述的問題。問題是，不見得所有公司都上軌道，而就算上軌道，也未必沒有弊病；一般而言，利益迴避是保持老闆清廉的有效辦法。

配合利益迴避的做法，則是內部關係人要主動宣告。前述保險公司老闆如果主動宣告：這是我親家，請採購單位嚴加審核，並把得標價格透明化，接受公評，則老闆的道德就可被檢驗。

另一個模糊的界面，是公私分明的態度。

公私不明的罪較小，貪汙的罪較大，但公私不明卻會給人小鼻子小眼睛、做不了大事的印象；貪不了大錢，卻貪小便宜，這簡直是形象猥瑣、面目可憎，不管你工作上多麼努力，總讓所有員工輕賤了。

最近從大陸得到一個深刻經驗：如果要問大陸的工作者與外在世界有何差別，除了工作經驗之外，我會說「公私」之間的價值觀不同。

大陸的習慣，從吃大鍋飯到吃公司、用公司，這是社會主義社會的價值觀，但如果公私之間不重細節，那就是公司吃大鍋飯的開始。公司內所有的價值觀都是在細節中確立的，高尚的道德、清廉的情操，看不見摸不著，人與人之間所能感受的是你在細節中的堅持。

一旦道德沉淪後，老闆們唯一能做的就是掩飾。但是與你朝夕相處的員工的眼睛是雪亮的，老闆其實是坐在玻璃屋中，你的所作所為，每一個人都清楚。

後記：

老闆的道德形象破滅，就是公司沉淪的開始。

如果執掌公司內道德天秤的老闆，對不當財富免疫不良，整個組織也就跟著免疫不良，最後的結果，就是道德的惡質化，整個組織向下沉淪，逐步走向衰亡。

這就是「貪婪老闆，貪汙員工」的道理。

23. 萬般有罪，罪在朕躬
——主管必修的一人決勝課

中國用來講述皇帝的兩句話：「萬般有罪，罪在朕躬」、「一人有慶、兆民賴之」都可以用來解釋主管的角色。第一句話形容主管的錯，第二句話形容主管的對；錯與對，都在主管，就像皇帝影響全國一樣，主管成為組織團隊的成敗關係。

一個團隊歷經了七年的虧損，但我們從來沒有對它喪失信心，原因是產品的定位正確，合乎潮流發展，因此七年來，我們不斷地修正、調整工作方向，從人員整編、主管更替、流程改造，幾乎能改的都改了，但是這個團隊只有偶發性的改善，一段時間營運變好，但隨即打回原形，又回到不穩定的狀況。

日子久了，我不得不仔細思考到底發生了什麼事？為什麼我們幾乎做了所有的事，但卻沒有明確的進展？

從我們過去所做的調整，我推出一個結論：問題一定出在沒有被調整改變的地方，而這個團隊哪裡沒有改變呢？那就是「我自己」，我始終在這裡，我應該就是營運不善的兇手！

我決定開除我自己，看看這個團隊的營運會不會改變？很不幸，也很幸運，在我離開之後，這個團隊開始逐漸改善，速度雖然不快，但慢慢向上，十年之後，這個團隊變成台灣最強的營運團隊，變成台灣發行量最大的雜誌，這就是台灣《商業周刊》的故事。

我無意貶抑我自己，我只是在描述一個組織內最敏感、最不願意被面對的真相：領導者可能是組織問題的核心根源！

自我了斷，面對核心問題

我仔細回想這個過程：當一個單位營運不善，所有的事情都會被提出來檢討，而且我們也確實找出了許多的問題，那還真是一連串糾纏不清的問題串。再仔細分析，在這些問題串中，又可分為核心問題、延伸問題及細節問題。而核心問題才是真正的關鍵，延伸問題則依附核心問題而產生，只要核心問題改善，大多數問題都可迎刃而解，因此找出核心問題才能改善營運。

但是，如果核心問題是發生在領導者或主管身上，則很可能被刻意忽略，以至於永遠無法改善。《商業周刊》的改變過程，就見證了領導者自己的盲點，要不是我自己猛然覺醒，很可能《商業周刊》仍深陷困境。

領導者眼睛向外找問題，而不知道自我反省、自我檢討，這是常態。如果領導者是老闆，事業是我的，我愛怎麼做就怎麼做，你當然有理由照自己的想法去做，但是如果虧大錢，你也要自己負擔，所有不想長期虧錢的老闆，就要想想自己可能是那個虧損的兇手，如果你不想長期虧損，你就要自我了斷，虛心的想一想：「萬般有罪，罪在朕躬」，貴為皇上，必要時下詔罪己，也不能遲疑。

如果你只是個小主管，那這種自我檢討反省的態度就更不能少，如果你在檢討完別人之後，仍然未能改進，而你能及時醒覺可能是自己的問題、自己的錯誤，那你還有機會自我調整，以免於被撤換的命運，不能自省的主管，推出午門斬首，為時未遠。

領導者不能不面對組織的績效不彰，也不可能毫無缺點，甚至可能是組織最大的問題人物，午夜夢迴，不欺方寸，是領導者要常常面對的真相。

後記：

❶做主管大都不是不肯承認錯誤，只是害怕承認錯誤有損顏面，更可能影響威信，所以不肯認錯。

❷建立自己的自信，是承認自己有錯的開始。身為主管的人要先建立自信。

24. 給錢爽快，分贓公平
——主管必修的準確獎賞課

獎勵是每一個主管每天都該做的事，獎勵讓好的工作者更加努力，也展現組織正確的價值觀，通常工作者有好表現時，就會期待老闆關愛的眼神。這時候如果獎賞「準時」到達，激勵效果最大；如果老闆推三阻四，推拖延宕，最後可能造成反效果。

一位朋友談起他離開一家知名公司的經驗：當時他完成了一個非常成功的專案，事前老闆承諾如果他完成了這個專案，將給他一筆優厚的獎金。也許因為專案的完成十分順利，似乎不太困難，以至於老闆遲遲沒有核發獎金。

經過這個朋友幾次「文雅」的提醒之後，老闆終於給了獎金。但這位朋友在拿到獎金之後，也就離開了這家公司，理由是「不想和不爽快的人共事」！

另一位朋友，談起他與一個合作夥伴分手的原因：他完全相信他的夥伴，不論是薪資（大家都在公司工作，領薪水），還是利益分配，只要是合作夥伴做的決定，他都接受。直到有一天，他無意中知道合作夥伴的薪水，以及分到的紅利，完全超乎他想像的多，他立即選擇分手。原因是，他全然信賴，但合作夥伴卻是一個高估自己貢獻、低估別人，分「贓」不公平的人。

「給錢爽快，分贓公平」，是黑道大哥帶領小兄弟最基本的核心價值，為什麼小兄弟願意效忠賣命？因為黑道大哥給錢打賞不手軟，有利益時論功行賞，面面俱到，絕不會獨吞利益。

做老闆的經營企業，也是帶領一群人，完成生意，獲利賺錢。部屬和員工期待的也是能分得好處。因此，「給錢爽快，分贓公平」的黑道大哥原則也適用於此。

給錢是獎賞、爽快是態度

「給錢」指的是獎賞，是企業經營中最重要的激勵手段；「爽快」指的是態度，講究的是快速、即時、恰如其分。員工正常從公司中得到的是薪水，這是他們最基本的所得，這部分已經事先議定，每月給予，不會有爭議。但非例行收入的工作獎勵，則是激發員工的工具，而給與不給之間，就可以看出老闆的風格，大方與小氣，也就在老闆的一念之間。

給與不給，看的是老闆的肚量。但即不即時、爽不爽快，看的則是老闆的內心真相。通常工作者有好的表現時，就會期待老闆關愛的眼神。這時候如果獎賞「準時」到達，員工的滿意度最高，激勵效果也大。如果老闆推三阻四，推拖延宕，甚至還需要員工明示、暗示，蠟燭不點不亮，就算最後員工還是拿到錢，但味道甚差，甚至可能毫無效果，或是反效果。

「分贓公平」重點則在公平上。老闆是團隊的最終利益分配者，當論功行賞時，不論給「口袋」多寡，公平的議題永遠是關鍵。「不患寡，而患不均」，總獎金多少，是大家共同努力的結果，通常無法爭議。但是誰拿多少？彼此間的序位、比重，則是每一個工作者關心的重點。如何評量每一個人的貢獻，然後體現在獎金的多寡，就是「分贓公平」的表現。

「給錢爽快，分贓公平」是非常粗魯而現實的原則，但企業經營講究的不也是獲利與賺錢？員工和企業的最基本關係，則是勞力與金錢的交換；當然如果還能加上興趣與理想實踐，則更完美。但對老闆與主管而言，永遠不能忽略「利益分配」這個最基本、最直接的議題。

後記：

獎罰公平，是一門很難的主管學，給與不給之間，就可以看出主管的格局，大方與小氣，也就在主管的一念之間。而給得太少，員工無法得到獎勵的作用；給得太多，則容易引起不公平的抱怨。利益分配，永遠都將是主管與部屬間最基本與最直接的議題。

25. 寶相莊嚴，香火綿延
——主管必修的信任授權課

授權是主管的超級大學問，會授權的主管，喝茶、看報，治大國如烹小鮮，部屬也快速成長。不會授權，所託非人，團隊一夕覆亡。新任主管難免親力親為，但是也要立即培養授權的習慣，學會寶相莊嚴的奧妙。

我剛升上總經理職位的時候，很不習慣沒有直接指揮的單位，也很不習慣沒有直接負責的工作，因此，沒事就召集各個營運單位開會，直接參與各個單位的運作，彷彿我就是部門主管一般。

直到有一天，一個部門主管告訴我：「何先生，你知道菩薩為什麼靈驗，香火不絕嗎？因為祂們寶相莊嚴，高高在上，不會下凡過問凡間事物。而當凡夫俗子有困難來求神問卜時，菩薩才會顯靈指點，有求必應。因此凡人皆感念菩薩之德，香火不斷。」

這位主管說得文雅，意在言外，一時我還聽不懂。最後他才直截了當告訴我：「何先生，你高高在上當你的總經理就好了，管管大事，制定決策，不要直接降臨各單位，指東說西，這樣各單位主管要怎麼工作啊？更何況，以總經理之尊，離開執行面很遠，很多事已在狀況外，很多決定可能是錯的，喜歡下凡的菩薩，多數只會顯現自己的無能，不會贏得尊敬的。」

聽完這段話，我一身冷汗，原來我完全不會當總經理、不會當主管。

許多剛升任主管的人，還是習慣扮演執行者的角色，不知道運用團隊的力量，結果是自己忙死、部屬哀怨（因為沒有發揮的空間），而且無所適從。我就曾經是這樣令人討厭的主管。

另一種類似的狀況，也會出現在創業者身上。

一般而言，創業主都是能幹的老闆，尤其在創業階段，人力、財力都不足時，通常要靠創業主親力親為，才能突破困境，因此創業主習慣自己動手做。可是當組織變大、規模變大時，如果創業主不瞭解「寶相莊嚴」才能香火不絕的道理，通常會出現組織規模變大的不適應症。

我也曾聽創業主抱怨，部屬能力不足、團隊不佳，其實真正的原因是：老闆能力強，無法忍受部屬的不足，以至於老是自己動手做，結果當然無法培養出好的團隊、好的部屬。

我甚至曾經要求一位主管，禁止他自己下手執行工作。因為他嫌部屬動作慢，做事不到位，於是老是自己做。我告訴他，就算失手，也要讓部屬獨力完成，他的協助，只會讓團隊繼續無力、無能。

想大事、想明天的事、想制度、想團隊，這是老闆與主管該做的事，做一個寶相莊嚴的菩薩，只有在部屬帶著問題、帶著困難求救時，才適時給予指點，而且僅止於指點，絕不可以代他完成，這是培養部屬、建立團隊的第一步。

後記：

菩薩為什麼能香火不絕？因為祂們寶相莊嚴，高高在上，不會下凡過問凡間事物。而當凡夫俗子有困難來求神問卜時，菩薩才會顯靈指點，有求必應。因此凡人皆感念菩薩之德，香火不斷。主管正如菩薩，制定決策、分工設職，才是上位主管該做的事，千萬不要親力親為，和部屬搶事做，這樣只會讓下屬難為，讓部屬愚民化。

26. 殺父奪妻，一筆勾銷
——主管必修的肚量格局課

主管的氣度、胸襟是成就事業的關鍵。就算有「殺父之仇、奪妻之恨」，只要是組織所需要的人，主管都應有度量容人、有胸襟面對，因為所有人都是你的部屬、你的人馬、你的左右手，千萬不要把他們當敵人看待，如果視他們為敵人，最後他們真的都會變成敵人，你這個主管就危機四伏、草木皆兵。

日本的企業經營，有一則職場的潛規則：當組織要從一群背景、資歷、經驗都相當的競爭者中，提拔一位升任主管時，會把資歷相當的競爭者一一調離原單位，讓新主管避免面對強勢的平輩部屬的尷尬，也讓未升官的競爭者避免以「失敗者」的身分，面對過去的同事，有助於新主管快速上手，掌握狀況。

可惜在我工作的經驗中，很難遇到上述狀況，並不是沒有類似的顧慮，而是我工作的組織都不夠大，想要把競爭者調離，也無路可去，無其他單位可調，所以只好在同一單位內，努力平息新主管與平輩同事間的情緒，期待能找到新的平衡。

根據我的經驗，這種狀況考驗的是領導者的氣度、胸襟與格局。

曾有一位新主管來向我訴苦：「過去大家都是好朋友、好同事，誰知道我一升官，好像每一個人都變成仇人，經常故意給我出狀況，每一個人都各懷鬼胎，讓我防不勝防！」

我安慰這位新主管：領導者解決部屬的困難是天經地義的，新主管難免要接受部屬的各種考驗，他們只是在測試你的能力與態度，並非每個人都要與你為敵。

新領導者的氣度、胸襟是打破僵局的關鍵，原諒、接納、協助、耐性，又是新主管贏得同事信賴與認同的不二法門。

這時候也是考驗未升官者的胸襟。有一次一位未升任者來向我抱怨：「他升官我又沒有不服氣，但又何須在我面前擺架子，讓我為難呢？」

我回答：「他現在職位雖然比你高，但這只是職場的角色扮演而已，主管只能升一個，有時是你，有時是別人，大家互相留點餘地。你容得下他，你就比他大，你現在容不下他，你不但職位比他低，連氣度、胸襟也不如他，以後別人又如何服你呢？」

這種狀況，不見得每一次都能和諧收場，也曾因此而有好部屬離職，我不能不承認，能力與格局未必是相當的，而氣派、胸襟與格局又是每一個工作者職位與成就高度的關鍵指標。

嚴格來說，領導者與被領導者的差別，就在氣派、胸襟與格局。領導者要帶人、要容人、要做事、要成事，而胸襟要寬廣，才能容人；格局要遠大，才能成事。氣派則是外顯的特質，有人優雅、有人豪邁、有人瀟灑、有人細緻，但都是吸引人的魅力，讓人願意追隨，讓人感到信賴。

天下無不可用之人

主管最大的功能，就是帶著一群人（團隊）完成設定的工作目標，因此，帶人是主管最重要的能力，而氣派、胸襟、格局，則是你是否有魅力，能吸引一群人，相信你，願意把生命、把未來交到你的手上，由你來支配、來調度，而完成任務的關鍵。

我相信天下無不可用之人，因此，在我的工作歷程中，到任何新單位，我堅持不帶任何人，隻身前往。我認為誠懇可以讓所有人接納我，我嘗試與任何不相識的人一起工作，只要真誠相待，一切對事不對人，任何不相干的團隊，都有機會成為我最好的工作夥伴。

這個信念的背後，其實是度量、是胸襟。因為我容得下任何人：能力比我高的人、資歷比我深的人、難相處的人、麻煩會闖禍的人、心思複雜的人；不管任何人，只要他能有某一種能力，對組織可能有某一種貢獻，我都會想盡各種方法，取其長、避其短，讓他能發揮貢獻，這就是我的用人邏輯。

如果說人才是公司成長、發展的關鍵資源，那麼收編人才的能力，就是主管、領導者成就事業的關鍵能力。這也是為什麼我強調新主管要想盡辦法，收服所有的團隊成員的原因；尤其是那些資歷比你深、能力比你強，或者是那些特別麻煩而難相處的人。

我有一個最極端的信念，那就是就算有「殺父之仇、奪妻之恨」，只要是組織需要的人，且是不可或缺的人才，作為領導者，都應有度量容人、有胸襟面對！

老實說，在組織長期工作中，人與人之間很難沒有衝突、沒有恩怨。人與人之間，多多少少都有不愉快。可是時空流轉，你的「仇人」，可能一不小心就變成你的部屬，如果這時候你挾怨報復，你用權為難對方，就是最壞的主管。

因此，縱有殺父奪妻之恨，只要有能力，只要組織有需要，領導者要有度量、胸襟，一筆勾銷、大度容人、大膽用人。

後記：

「不是敵人，便是朋友」，這是胸襟開闊者應有的基本態度；而領導者要有更高的標準，組織中沒有敵人，他們只是偶爾犯錯，並非要與主管為敵，原諒他們，接納每一個人，是領導者贏得團隊信賴的必要條件。

27. 有理三扁擔，無理扁擔三
——主管必修的公平裁判課

團隊要順暢運作，主管的協調、裁判，絕對是關鍵；但要裁判，一定是敏感、為難的事，判決結果也一定有人受益、有人不平，主管面對裁決，絕對要清楚、明白，不可是非不明；「有理三扁擔、無理扁擔三」，當將對錯的雙方一視同仁時，主管就是昏庸無能的人，團隊將分崩離析。

大多數的主管為了維持表面的團隊和諧，經常出現這種「各打三十大板」的是非不明現象。公平裁判，還每一個工作者公道，是主管必備的基本能力。

在我的職場生涯中，我永遠不能忘記的是一個血淋淋的畫面。在一個開闊的大辦公室中，兩位同事忽然大聲爭吵起來，緊接著就是其中一位同事，拿起桌上的茶杯朝對方砸過去，命中對方臉頰，眼鏡碎裂，血流如注。接著辦公室大亂，同事們慌張的拉開扭打在一起的雙方。

事實上，行兇的這位同事是一位好好先生，他的粗暴行為完全出乎所有人的意料之外，事後他當然受到了應有的懲罰。但瞭解整個過程的其他同事都替他抱不平。因為他長期受到另一位同事的欺壓，但是主管卻從來視而不見，完全不處理，那天他終於忍無可忍，血腥的悲劇就發生了。

英式橄欖球是我的最愛，在橄欖球場上打架的場景也屢見不鮮，關鍵就在於裁判。橄欖球講究合法衝撞，身體接觸頻繁，難免互相傷害，如果裁判明察秋毫，哨音明快果決，那麼打架的場景不會出現。但如果裁判猶豫不決，縱容小動作，那麼球員們就會自力救濟，打群架的事就一定會發生。

主管是糾紛的裁決者

裁判決定了球賽的氣氛與品質，也讓球賽能順利進行。同樣的，辦公室的主管，決定了組織的文化，也決定了職場能否在合理的規則下運作，主管就是辦公室的裁判，決定了辦公室能否和諧有效的運作。

辦公室中的爭執難免發生，工作團隊成員之間難免有好惡、嫌隙，但是職場的規則、倫理，是每一個工作者必須依循的準則，而主管則是糾紛發生時的最後裁決者，也是秩序的維護者。

「有理三扁擔，無理扁擔三」，則是主管最常見的毛病。許多主管生性善良，不忍苛責任何人；有些主管則基本上是非不明，事理不分；有些主管則根本是怕事的濫好人，看到麻煩，只會躲起來。這些人都有可能出現「有理三扁擔，無理扁擔三」的結果。

還原真相，公平裁決

公平裁判，還每一個工作者公道，從例行的績效考核、升遷獎勵，到爭執、衝突時的排難解紛，這都是主管必須具備的基本能力。主管可能無法察覺辦公室所有發生的細節，但明確昭告周知團隊成員，要用辦公室倫理工作，合理相互對待，不得逾矩，可以避免成員間爭執的發生。而一旦發生爭執，主管的哨音要即時響起，並明確裁斷是非，更可以顯示主管維持秩序、公平裁判的決心。

「各打三十大板」，只是主管常犯的裁判錯誤之一，錯判、誤判與無知不明是另兩種常見的錯誤。在每一次裁判的過程中，主管一定要有足夠的耐性，仔細瞭解實況、過程與兩造的說法，有必要時要採取第三者的旁證，務期還原真相，避免錯判、誤判。至於因為無知而不瞭解組織內發生的糾紛，這就是主管更大的問題。如果一位主管連團隊內的衝突、糾紛都一無所知，這恐怕不只是不能公平裁判而已，你根本就是一位不進入狀況、完全不稱職的主管！

後記：

❶辦公室中的爭執難免發生，工作團隊成員之間難免有好惡、嫌隙，但是職場的規則、倫理，是每一個工作者必須依循的準則，切記一件事，主管是糾紛發生時的「最後裁決者」，也是「秩序維護者」。

❷除了公平裁判之外，即時有效的裁決也很重要，拖延通常會引發更大的爭執。

28. 伸頭一刀，縮頭一刀
——主管必修的明快決斷課

人的一生，總是在遭遇困境、面臨危機中成長。是福不是禍，是禍躲不過，該來的總會來，這種「伸頭一刀，縮頭一刀」的心理建設，讓我們能坦然面對困境與危機，明快、果決、平靜、自然的放手一搏。

我永遠忘不了服役當兵時的一個故事：正式服役前集訓時，有一個同期學員剛結婚，正是甜蜜美滿的時候。從受訓開始，他就一直擔心，抽到不好的籤，被分發到外島服役，他害怕到不行，每天祈禱。我勸他：「放心啦！真正不能回台灣的只有兩個名額，一個是我已忘了名字的小島，另一個是烏坵，就算抽到金門、馬祖，都還有機會託關係、找理由，回台灣探親。而我們同期的學員有近一千人，抽到烏坵的機會是五百分之一，你運氣不可能這麼壞。」他雖然覺得有道理，但還是日夜擔心，每天愁雲慘霧。

分發抽籤的那一天，他在前五十位抽籤，他一上台，害怕到幾乎走不動，當他抽出籤來，司儀報出單位名字，台下歡聲雷動，因為他把烏坵的名額抽走了，別人就不用再擔心了。

天下事，就是這麼不可思議，他害怕，厄運就真的降臨在他身上。而我呢？就希望去外島、去特戰部隊，愛冒險、愛挑戰，這是別人都害怕的，而我不怕，因此抽籤時一點也不緊張，偏偏我抽到別人最羨慕的單位——衛戍台北，在圓山過了一年四個月優閒的日子。

從此我瞭解命運之神的個性，喜歡和膽小、害怕的倒楣鬼開玩笑，你越怕、越擔心，厄運越會降臨；你樂觀、你積極、你勇敢面對，好運就會來臨。

如果「伸頭一刀，縮頭也是一刀」無法逃避，那不如勇敢面對，做不到從容「就義」，那至少要能平靜自然，以免貽笑大方。

團隊的成敗在於適時果決的判斷

作為領導人，面對危機時的明快與果決更為重要，因為你的決定，不只關係一個人的命運，更影響了團隊的成敗。多少企業經營者，都是在面臨危機時，瞻前顧後、猶豫不決，以致錯失了處理的黃金時間，導致萬劫不復！

仔細追究領導者猶豫不決、錯失時效的原因，除了個性上的性格軟弱，是無解的絕症外，其餘的原因都可以克服。而其中最重要的原因又分為三項：（一）訊息不明、狀況複雜、無法判斷；（二）情況惡劣、傷害嚴重、害怕問題加速惡化；（三）自覺能力不足、無法處理。

因訊息不明、無法判斷，導致猶豫不決，這是人之常情，解決之道，只有一途，就是把狀況弄清楚。最簡單的方法就是做一次完整的「未來情境模擬」，寫下所有已知的訊息，找出訊息的脈絡，並推測可能的演變；如遇到未知的狀況，則做出好與壞的判斷，分別推測其結果，以找出最後的答案。做完情境模擬後，不見得能立即找到答案，但至少狀況會更清楚，有助於下決定。

因情況惡劣、害怕傷害，導致猶豫不決，解決的方法更簡單，那就是，先想最壞結果會如何，並規劃善後。先把最壞狀況出現時的傷害想清楚，退路想好。如果你連最壞的狀況出現都能接受、都能處理，那你有什麼好猶豫的？大可放手一搏。

組織內的「彼得原理」，講的不就是這件事嗎？能力不足的主管，被逼得挑戰更高的職位、更有挑戰性的工作。其實，所有的主管都是在能力不足下，面對所有的事。

面對危機、接受挑戰，是一個人永遠不可避免的事，人也是在危機與挑戰中成長。而領導者帶領團隊，如果沒有危機、沒有挑戰，這代表你做的事都是例行公事，而例行公事是不會有大成果，也不會有好績效，組織與團隊當然也就不會有高成長，也不可能得到好的回饋，只能「安貧樂道」過著安穩的日子。

後記：

主管的猶豫、膽小，影響的不只是回報不足。想想你有多少日常工作，是因為上位者舉棋不定、猶豫不決，而讓你飽受煎熬，多走好多冤枉路。想想看，猶豫不決是不是無能主管的代名詞？你要做那樣的主管嗎？

29. 今日你做，明日我想——主管必修的未來策略課

主管不只要完成今天的任務，也要完成明天的規畫；有時今天的困難根本是因為昨天沒準備。未雨綢繆、預設未來，是主管責無旁貸的工作。

上世紀九〇年代末期，數位化的浪潮席捲全球，許多的行業都受到衝擊；而一旦典範轉移，有的行業或角色可能一夕消失，這引發了許多人的危機意識，但真正找到因應對策的人並不多。

以平面出版業為例，紙張的消失、電子出版的威脅，每天都有有心人不斷提醒。可是有人真正採取應對措施了嗎？試想：如果未來這些預言真的實現，而許多的平面出版業者因而消失，工作者也喪失工作，誰該為這個悲劇負責任呢？結論很清楚，這些公司在倒閉前一段時間擔任主管的領導者都應該切腹自殺。他們肩負股東及員工所託，但卻在該預變、應變時，錯失良機不作為，導致企業走上末路，他

們缺乏長期的策略規畫與行動，根本違反了主管應具備的基本能力。

「今日你做，明日我想」，這是主管絕對應有的核心價值與認知。完成公司所交付的任務，是主管必須完成的「急」務，但是規劃未來，則是主管的「要」務。而通常「急務」要由所有團隊成員共同來完成，有時候甚至把當前的急務完成已不可得，誰有空設想未來呢？

主管最常犯的毛病，就是老在當前的工作中無法自拔，有的人甚至說，在企業追逐效率的大前提下，工作團隊根本不夠，人員編制更是不足，因此主管不得不身先士卒，綁在每天的例行工作中，設想明天的事，根本是「何不食肉糜」的說法！

這是絕對的錯誤，今日的事通常是具體的勞力工作，會占用許多時間；但是「明日的事」則是分析、想像、規劃，重點在於有沒有去想，而不在於規畫完善，誰敢說對未來的規畫一定準確無誤呢？明天的事，是心智活動，在長期放在心上後，有時甚至可能頓悟完成！

想未來的必要，個人的未來，自行負責；組織、單位的未來，主管及領導人要負責，要有遠慮、要有遠見、要有預判、要有預應，組織才有機會長治久安。

不能設想明日的另一個狀況是，主管對今天的事太過親力親為，以至於你根本變成一個工作者，而不是主管；當你兩手拿滿了東西時，當有任何狀況發生時，你絕對是無能為力的。

把所有的工作分配給所有的部屬，自己一件工作都別留，這是主管的最高境界，空著手當救火隊，空著手，靈台清明的預想未來、規劃明日。只有在今天空著手，你才能真正想明天！因為「今天你做，明天我想」，是一個真正負責且英明的主管該做的事。減輕部屬的工作，只會累死自己，寵壞部屬，只會讓主管變成一個不被認同、不被尊敬、沒有明天的濫好人！

後記：

太忙、沒時間想明天的事，通常是笨主管的託辭，只要你是聰明的主管，只要你知道自己應要為明天及未來負責任，你就會把這件事放在心中，不斷思考、揣摩、分析，你就一定會有不一樣的作為。主管是「肉食者」，是在上位者，明天的事責無旁貸，通常也只有主管有能力綜覽全局，預判未來的變動，而訂定明日的應變計畫。主管不只活在當下，還要為明天而活。

第2章

主管的用人學

中國古話中「用人不疑，疑人不用」的原則，
這或許與現在企業經營「監督與制衡」
的原則違背，但就領導者個人的用人風格上，
這仍然是不可忽視的原則，
因為「信賴」是組織核心團隊力量的來源。

用人、對人、待人、看人

有人才有主管，否則每個人都是工作者。因此主管第一個要面對的就是用人、對人、待人、看人。

這一章主要在強調待人的態度、訓練人的方法、看人與閱人的經驗，這是主管必學的課題，學在自己身上的用人學，無法仰賴人力資源部門的協助。

其中有關薪資與激勵，這是比較敏感的話題。有關農藥與肥料理論，以及薪資的「不滿意，可接受」定律，是個人受用最多的理論，值得每一個主管細細咀嚼。

30. 己所不欲，勿施於人

主管很容易當，只要你當部屬時，討厭老闆做的事，當了主管就不要這樣做，這就是「己所不欲，勿施於人」的道理，但是，為什麼主管常常做一些部屬討厭的事呢？

年輕的時候，看到老闆隨心所欲的獎賞，卻經常賞識到一些能力不高，但卻很會逢迎拍馬的人，讓自認為努力工作的我，感到非常挫折；也看到一些漂亮的小女生，受到老闆特別的關愛，這也讓我看到人性的弱點，難以拒絕美麗的誘惑；跟同行相比，當時我服務的公司，是人治、缺系統、工作價值混亂、員工內部互相鬥爭。我常想，這樣的公司能紅多久？而老闆因謬賞而產生不效率，以至於整體的福利欠佳，讓大多數的員工都處在怨恨不平中……。

這些事，都匯集成一個念頭：如果有機會，我一定不要犯這些錯誤。因此，當我後來成為主管、當老闆時，我努力的避免這些問題，因為「己所不欲，勿施於人」。

揣摩部屬的心態，不要做他們不喜歡的事，這是上位者必備的修養。水能載舟，亦能覆舟，說明了得人心者，得天下，這是人盡皆知的道理，為什麼很多主管和老闆都做不到呢？

當上主管，也當上創業者（老闆）之後，我發覺其中的奧妙。基本上，員工與老闆，部屬與主管之間，有許多事情是衝突的，對老闆有利，就對員工不利；對主管有利，就對部屬不利，例如：薪資、福利等，員工高興，老闆不利；部屬高興，主管績效可能就不佳。這種事情處理多了，主管、老闆很自然就忘了要從員工、部屬的角度想問題。

當然還有一種狀況，也會使主管不能尊重員工的想法：當部屬與主管意見不一致時，而這件事又茲事體大，成敗之間，後果嚴重，這時候沒有一位老闆會把決策權下放給部屬，因為上位者要負成敗責任，結果當然就是「官大學問大」，上位者做決策，顧不了部屬喜不喜歡、高不高興了。

因此，儘管我從當主管初始，就下定決心要己所不欲，勿施於部屬，但經過前述這些情境的迷惑之後，也很容易成為那個與部屬為難、為敵的主管，無怪乎天下「笨主管」實在太多了。

根據這些經驗，我歸納出一些基本的原則，是「己所不欲，勿施於人」的主管守則。

好主管的工作守則

這些守則都是耳熟能詳的通則，例如：公平、公開、賞罰分明、信任、授權、有肩膀、扛得住、重承諾、講信用……。其實這些都是一個「好」主管、「好」老闆該做到的事，我只是盡力做到好主管罷了。

另外比較難的是：回饋、分享等與利益分配有關，會涉及上、下之間衝突的事。這件事是老闆的為難，不是主管的為難，因為主管也是員工。

要回饋員工、分享利益，每個老闆都知道，但大多數做不到，這件事除了外在的制度與政府的規範外，老闆自己很難透過學習學會，氣派與胸襟是與生俱來的，苛刻員工是老闆的天性，遇到大方的老闆要感謝，員工能期待的是老闆不要把獲利無限上綱，留一點餘地給員工，那也就是己所不欲，勿施於人了。

後記：

❶俗話說「換了位置，就換了腦袋」，這是主管很容易忘記與部屬盟約的原因，當了主管還能維持工作者時之純真的，真的難能可貴。

❷大多數主管是在沒準備下升上主管，因此他們根本不知如何做主管，也沒人給他們建議。這篇文章的重點在於，想一想你當部屬的時候，最恨主管做什麼？只要不要做同樣的事，你就是好主管。

31. 不能用的三種人

物以類聚，什麼樣的主管用什麼樣的人。

我的個性急如星火、劍及履及，因此我最害怕慢的人，而從慢、到笨、到懶，我得到用人三不原則：笨、慢、懶，但真正的兇手事實上只有「懶」！

在我長期的工作經驗中，我最怕遇到三種人：笨、慢、懶，這三種人被我列為三不用，因為團隊中只要有這三種人，輕則降低了整個團隊的工作節奏，嚴重的則會損害組織整體的工作成果。只要有這三種人存在，要不就改變他們，要不就趕走他們。

第一種人——「笨」，是情節最輕的，這種人最明顯的劇情是：被動，你交代什麼事，他就做什麼，而且通常是用最低的標準來完成。剛開始我還不敢把這種人列為不能用的範圍，因為人有賢愚，智商有高低，我們怎能嫌棄智商較差的人呢？

但經過仔細的觀察，這種人通常不是真的笨，他們在很多其他地方是聰明的，只有在工作上笨，或者應該說是「裝笨」，因為聰明的工作者是自我麻煩，在組織中會越來越忙。

這種人的「笨」，是因為不肯花心思在工作上，不具研究精神，不想把事情做好，最後因為態度的消極而變成主管眼中的「笨蛋」！

第二種人——「慢」，表面的問題也很輕微，因為他做事往往慢一拍，通常無法按照你的期待完成任務。剛開始我也一樣，有人急如星火，有人慢慢而來。更何況，「慢」還有一種正向的解釋，那就是「慢工出細活」、「忙中會有錯」，凡事仔細思考之後，才能一步步穩當的把事情做好。我眼中「慢」的人通常會用這種理由來告訴我，不應急、不能急，要慢慢來！

但長期下來，我終於能分辨：因深思熟慮而慢，還是本質上，習慣性的慢的差異。深思熟慮的人，必要的時候，節奏是可以快的，而習慣性的慢，是無可救藥的拖延，往往要比別人更多的時間才能完成，這種習慣性的慢，就不是我能忍受的。

至於第三種人——「懶」，則是毫無爭議不可用的人，這種人最明顯的特徵是：多一事不如少一事，基本上是不做事的人。而一旦被逼得一定要做事，他們通常會用最低的標準來完成。而且最嚴重的是：他們會盡其可能的簡化工作方法，簡化工作流程，甚至不惜犧牲品質，目的只有一個——要減輕自己的工作量，減輕自己的付出。

「懶」只是這種人的表徵，其實所有的問題來自他內心的工作態度不正確，想用最少的投入，得到最大的工作成果。投機取巧、好逸惡勞的人，這種人當然是我絕對不能忍受的人。

當我仔細分辨出這三種人之後，其實這三種人根本是一種人，所有的根源都是「懶」，因為第一種「笨」，其實是因為他懶，所以變笨，因為懶，所以不肯多想、不肯多學，所以長期下來就變成什麼都不會的人。

第二種「慢」，其實也是因為「懶」，所以任何事快不起來，只不過拿深思熟慮來搪塞而已。

遠離笨、慢、懶，變成我挑選部屬的重要原則，只不過這三項通常在面試時，看不出來；只有等待時間印證，要仔細分辨才能體會！

後記：

❶這篇文章流傳甚廣，許多老闆皆有同感。但也因此我很害怕誤導，因為人有賢愚不肖，天性快慢不同，只有一種笨該被管理：因「懶」而裝的笨；只有一種慢該被糾正：因懶、因不在意而習慣變慢，其他只是人的性格與天分不同，不該被譴責。

❷「懶」則是萬惡之源，主管最重要的任務，就是讓「懶」的人下車。

32. 雷霆手段，菩薩心腸

雷霆手段與菩薩心腸，其實是同一件事，都是基於對員工、部屬的肯定與認同，要培養他們、要訓練他們。他們更是一體的兩面，因為有菩薩心腸，所以雷霆手段有道理，就好像是父母對子女，恨鐵不成鋼的管教。因為有雷霆手段，所有的部屬都成就一身好本事，你的愛惜、你的菩薩心腸才值得，才不是濫好人。

曾經有一位經驗豐富、才氣縱橫的主管，透過介紹，向我當面表示，知道我在傳媒界的經歷，很期待能和我一起工作，希望學一些不一樣的能力。

我受寵若驚，因為他過去的資歷，可謂戰績彪炳，服務過的公司都是我認同的好公司，而且確有一些成果，是我早已熟知的。可是我仔細端詳，卻發現他每一段的工作時間都不長，在面談後更是發覺，每一個與他共事的老闆都對他很好、賞識有加，但最後他仍然離開；而對離開的原因，又語焉不詳。

我決定給他一個職位高、待遇高，但如果用錯了，又傷害小的工作。我成立了一個新單位，他是最高主管，對工作成果負完全的責任，但全部門只有他一人。我設定了很高的工作目標──獵殺暢銷書，他一個人從找書、編書，到上市行銷一手包辦。

他這樣工作了近兩年，非常辛苦，但這兩年確實也為公司創造了不錯的成績，這也是我和他共事的最美好的時光。

這個例子，當然是少數的特例，因為他是我認定的「帶師學藝」，看起來已經武功高強，我沒辦法放到既有的團隊，慢慢觀察、訓練。只好給他當專案主管，然後不給一個人，讓他野地求生，這就好比把人丟到羅馬競技場中，讓他與獅子搏鬥，看看能不能活著回來。

用人基本態度訓練

我承認我用人的心術是壞的，但為了測出他的實力、為了測出他性格上的缺點，也避免因空降高位對現有的組織造成不良影響，我只好用雷霆手段中，最終極的一招──「野地求生」，來考驗這個人。

雷霆手段是我用人的基本態度入門篇。其中包括幾個重要的元素：（一）最高的自我期待與要求；（二）嚴格的工作技能訓練與重量訓練；（三）震撼教育與終極考驗。

「We are the best」是我的基本信念，每一個入門工作者，我都會做心理建設，「我們是最好的」則是團隊的基本信念。因為「我們是最好的」所以不要用一般的標準來比較，我們能完成「一般人」不可能完成的任務，我們能挑戰不可能，我們的目標會比「一般人」高百分之三十以上，對「一般人」不合理的要求，對我們是合理的，因為「We are the best」。

接下來，工作者會面臨嚴苛的日常工作任務的要求與考驗，這包括很多甚至是過量的工作分派，工作中，又有嚴密的工作流程控管、高標準的結果檢查，還要求你要有「全人」觀念。「全人」指的是工作不是分段切割，工作者要從工作的源頭、理解到工作的完成，並檢查結果。

這其中特別要強調的是工作中的「重量訓練」，這不只是知識、能力、技術，更重要的是體能、工作能量；某些時候，會發給工作者數倍的工作份量，限期完成，要考驗工作的「終極工作能量」，而每一個人都要不斷地突破這種「終極能量」的紀錄，這就是工作中的重量訓練。

雷霆手段的訓練，大概快則一年，慢則兩年要完成，能通過雷霆手段的養成，通常會變成未來培養中的主管人才；而通不過的人就只能變成一般的工作者。

雷霆手段的待人態度有一個關鍵的前提：你要用同樣標準自我要求，你當然是最好的、能力最強的、工作最投入的、自我訓練要求是最嚴格的。如果沒有這個前提，你的雷霆手段將會成為全辦公室最大的笑話。

在雷霆手段之後，我用人態度的終極篇是菩薩心腸，如果只有雷霆手段而缺乏菩薩心腸，是不會獲得團隊的認同的。

主管必須具有包容心

前面那個「野地求生」故事的後半段，就是菩薩心腸的版本。經過近兩年的考驗後，我同意給他一個新單位，也給他一個團隊，讓他能一展鴻圖。不幸的是，這是一個錯誤的決定，這個主管一個人工作有力量，但卻是管理的白癡，不會用人、不會訓練，最後這個新單位，換人如過江之鯽，送往迎來，團隊沒穩定過。而這個主管每天困在產品內部流程及團隊管理之中，什麼事都沒做好。

我花了最多的時間在他身上，協助他、開導他，又過了兩年，一直到其他的主管都看不下去，我也覺得對不起其他的單位，最後我不得不放棄。這段過程就是我的「菩薩心腸」，或許應該說是「婦人之仁」。當然，對公司而言，為了培養這個人，公司也賠了許多錢。嚴格來說，這是錯誤的案例，我過多的仁慈，希望救回每一個人，不放棄每一個人，導致公司的損失。

不過對領導者而言，對員工、團隊、部屬的「菩薩心腸」，絕對是必要的。我的認知是團隊是我的手腳，也是我的親人，非萬不得已，我不放棄任何人。給每一個人機會，協助每一個人調整、改過遷善，有足夠的耐性，絕對是成功領導者必須要有的態度。

團隊不是衣服，不合適就換、用過即丟。團隊是你身體的一部分，斬斷手腳，傷的是自己，有這種認知，你才會真誠的面對部屬，你才會珍惜團隊，你也才真的對得起他們。

後記：

❶事後回想，對於之前所提到我用人的錯誤決定，我有太多的仁慈與容忍，雖然並非所有人都認同，但如果我連這樣的人都如此「菩薩心腸」（婦人之仁），他們也有理由相信，我是一個不會背叛他們的人，如果他們有錯，我也一樣會給他們相同的機會，如此一來，對於身為主管的我，彼此的信賴度反而是個加分。

❷訓練、要求要雷霆手段；改過遷善要菩薩心腸。

33.多用肥料，慎用農藥

激勵工具要適時適用，不能常用，不能濫用。就像農藥是消極的，只能避免果樹不生病，不能使果實長得大又甜。而肥料是積極的，才真正可使水果長大、長多、長甜，主管應該多用肥料，才能使部屬績效良好，而農藥則應少用或只在必要時使用。但肥料與農藥的適度使用、慎用，則是領導者必須學會的激勵課程。

當我是一個工作者時，我最關心的有兩件事：一是工作內涵，是不是我喜歡的事、是不是有發揮的舞台；二是工作的酬勞，也就是所得回報。因此當我成為主管時，我也將心比心，仔細調整每一個部屬的工作，務期是他們喜歡且能發揮的工作；也盡可能的給他們最好的回報，希望用較高的金錢，獲得同事對公司較高的認同。

但在薪水的回報上，我永遠做不好，就算公司營運不錯，薪資也不能令人人滿意；公司營運不佳時，連合理的薪資也說不上。就這樣，我長期處在困擾中，不但達不成公司的目標，也覺得愧對團隊與部屬。

直到有一天，我聽了當時擔任台大教授的王志剛先生的講演，我終於豁然開朗，那就是「員工激勵的農藥與肥料」理論。王老師把激勵工具簡化為兩種：農藥與肥料。好比種果樹，要讓果樹長得健康，農藥是必要的，可以防範病蟲害；要讓果實長得又甜又大，肥料也是必要的。農藥與肥料是農夫手上兩種重要的工具。

農藥與肥料的適當使用

王志剛老師的說法是：農藥是消極的，只能避免果樹不生病，不能使果實長得大又甜。而肥料是積極的，才真正可使水果長大、長多、長甜，主管應該多用肥料，才能使部屬績效良好，而農藥則應少用或只在必要時使用。

其中最令我震驚的是，過去我最重視的物質回報——薪資，竟然是農藥，而不是肥料，不但不能常用，而且用多了還副作用嚴重，傷害極大。

王老師舉例：薪水是工作者正常的回報，給少了，工作者會很生氣、會怠工、會不平，就好像果樹生病了一樣，如果給多了，麻煩更大，因為當事人雖然一時滿意，會暫時性提高工作績效，但時間一長，對高薪水也就習以為常，不再有激勵效果。可是對其他工作者而言，某人的高薪，就是對其他人的不公平，別人反而會因不滿而「生病」、怠工，對其他人的傷害極大。

根據這個理論，我得到清楚的啟發。什麼是農藥？只要是常態性、結構性、一體適用的工具，如薪資、加班費、福利……，都是只能防止工作者不生病的農藥。而肥料則是非人人可得、非常態性、非結構性的工具，如功能性、偶發性的獎金，主管的認同、關心、肯定、賦予重任等，這些都是肥料，會產生明顯的激勵效果。

從此以後，我在主管工作上豁然開朗，給薪資、訂福利，我審慎以對，重的是公平，而不是絕對值的高低。絕對值的高低，反映的是公司整體營運的結果，全公司的人，從老闆到基層員工，每一個人都應對營運結果負責，也要對整體的薪資水平負責，不全然是主管的責任。主管的責任是給每一個人公正、公平的評價，給每一個人相較他人而言相對合理的薪資。

另一個徹悟是，我真正瞭解激勵的原理：任何的激勵，都是一時一地的，不可能持久，只能暫時性的刺激，因此任何工具只要變成永遠的、常態的，就不是激勵工具，薪資與福利就是典型的代表。

激勵還有另個特性，就是獨特與稀有，如果工作者收到一個人人都有的禮物，他不會有感覺，也不會被激勵。同樣的，如果工作者得到一個獎賞，是他認為理所當然的，也一樣不會被激勵，當獎賞是額外且不期然時，達成的激勵效果最大。

這讓我想起在政大流傳的一個故事：有一個知名的政戰將領，在政大開課，他極擅長收攏同學，有一個傑出學長畢業時，這位老師把他找來，拿出一只手錶說：「這是老師珍藏的紀念手錶，送給你留念。」這位學長當場感激涕零，可是事後發覺許多同學人手一只錶，感激之心也就淡了。

不滿意但尚可接受的薪資制度

瞭解農藥與肥料的道理後，偶發性的獎金、認同、肯定、賦予工作者的責任舞台，變成我最重視的工作，務期讓每一個好的部屬，感受到我對他們的關心。可是雖然如此，經常還是有所不足。有一個要離職的小朋友，在我一再逼問下，終於坦白，他告訴我：在他工作的這幾年中，我除了指責他的缺失之外，從來沒有一句肯定的話！

這個案例說明的是，物質的回報固然重要，但是精神上的重視、肯定，有時還更重要。

許多的新手主管就不容易明白這個道理。有一個主管，不斷替他的部屬爭取加薪，剛開始，我基於支持給予同意，但其後我就發覺不對，他的單位調薪的頻率高、幅度大，但相對的績效卻不彰。我仔細瞭解之後終於明白，根本是這位主管能力有問題，能力、格局不足以服人，他唯一能做的事，就是在薪資上當濫好人，才能勉強獲得部屬的認同。

這背後顯示另外的問題，就是領導者是否能力出眾、被信賴、有魅力、有權威，如果是被部屬信賴，他的一句話、一個關愛的眼神，都能發揮激勵部屬的效果，都是效用卓著的肥料。反之，如果一個主管認為，只有金錢與物質才是有效的激勵工具，背後反映的不是他的價值觀，而是他根本不配做主管，是他的才德不足，是他得不到部屬的信賴，因此他的關心、認同、肯定，也就發揮不了作用。

許久以來，其實薪資早已被我從激勵工具中排除，薪資是正常的工作回饋、評價，與激勵根本無關，我也不相信加薪會讓工作者更努力，工作者投入工作的程度是回應他心中對所得的評價，絕對不會有人認為自己的薪水被高估，而更努力來回報公司。較常見的是有人認為薪水被低估，而心生怨懟、消極怠工。如何評價員工薪資，給員工一個「不滿意但可以接受」且相對同事之間相對公平的薪水，才是企業經營最有效率的薪資結構。

後記：

薪水多少算合理？「不滿意，可接受」就合理：薪水雖然是有效的主管工具，主管用加薪來表達對部屬的肯定，但這個工具卻是具有「毒藥」的性質，一來薪資非無窮無盡的可再生資源，會越用越少；二來受薪者經過不斷加薪之後，「毒癮」會越來越重；三者對整個公司而言，加薪會變成結構性的成本增加，這是無法還原的不歸路！

因此每一次調薪時，主管最重要的就是理解部屬的期待，然後把薪水調到部屬能接受的下限，這就是「不滿意，可接受」的做法。至於如果連下限都無法給予，這就是公司該檢討的地方。

34. 別被完美的履歷表迷惑

完美的履歷表，除了表現應徵者的能力外，很可能應徵者有豐富的求職經驗，或者求職面談是他最大的努力，尤其是顯然經過精心設計的履歷表更要小心！

西元一九九五年，我剛出完一本銷售三十萬冊的暢銷書，那一年公司賺了很多錢。可是我的出版社仍然是一個小公司，但當下的勝利，讓我徜徉在樂觀的氣氛中，「乘勝追擊」是我心中唯一的想法，擴充組織與團隊成為我最急切的事。

這時候，我接到一張幾近完美的履歷表，直接寄到我公司，直接指名給我。這份履歷表，編排精美，顯然經過當事人精心設計，內容完整，而且描述處處掌握重點，表現出當事人在文化出版界扎實的歷練。而更重要的是，那封指名給我的信，內容陳述了他對文化出版業的理想，說明了過去幾年他在兩個出版社工作，努力學習。看到我公司出版的書，心生嚮往，期待能加入我的團隊。

其中最吸引我的是，他對我出版的書如數家珍，對這些書的看法、分析，雖不見得獨到，但還算正確。當時求才若渴的我，當然立即約見。

面談時，更令我吃驚，其實在好幾個出版的公開場合，他已經見過我，而且幾次換過名片，雖然我不確切認識他，但我依稀記得一個有熱忱的年輕出版人的身影。看起來這當然是我理想中的求才對象。

只是在面談最後，他給我出了一個難題，他根據資歷、能力，要求了一個比我預先想像高了百分之六十的薪水。並且很坦率地說，在他寄出履歷表後，巧合的是他的現任老闆正好與他談到升遷事宜，他來與我面談，其實心中充滿了天人交戰！

我很猶豫，但最後我仍然答應他，並且成為我公司最重要的主管之一。之後我歷經五年的痛苦折磨。前半年，我已經發覺他其實能力一般，出版的基本工夫並不扎實，但表達能力一流，尤其是誠懇的外表，讓你不忍心「苛責」他工作上的不足與錯誤。我知道，我被美麗的履歷表，與事先設計好的面談給迷惑了，但是我不願承認錯誤，我更想學孔夫子有教無類，我花了三年的時間努力改變他。

但成效有限，最後我不得不成立一個新的利潤中心，讓他當主管，負完全責任，並要求他要賺到自己的「高薪」。這樣的方式將他逼到死角，讓他無法藏在組織的空隙中，後來的兩年裡，他的單位浮沉不定，就在我考慮痛下決心處理他時，有一個比我還笨的老闆來挖角，我收到他的辭呈，如獲大赦。

這是我當主管中，最慘痛的教訓之一，事後檢討，我犯了幾個嚴重的錯誤，其中最大的錯誤，就是被完美的履歷表騙了。

其實完美的履歷表，除了表現應徵者的能力外，很可能代表應徵者有豐富的求職經驗，或者求職面談是他最大的努力！尤其是顯然經過精心設計的履歷表更要小心，只不過我當年會被迷惑，是因為文化出版是講究設計與美感的行業，我誤以為他在這一方面有專長，反而放大了這方面的優點。

第二個錯誤則是被誠意與理想的話語所迷惑。我其實有機會避免這個錯誤：當他要求高薪時，如果我以公司尚小，無法負擔，但仍誠摯延攬，看他如何反應，應該就可以檢查出他其實理想有限，現實有餘！

在這個案例中，我得到的教訓是：不該相信美麗的履歷表，不該相信天上會掉下來人才，更不該相信美麗的話語，不給超過行情的薪水，事實上我真正犯的錯誤只有一項，誤認為他是人才而給了太高的薪水，不得不給他重要的職位，結果他當然無法勝任。事後我雖然努力調整、培訓，但他仍然無法成長，最後只有悲劇收場！

後記：

❶如果應徵工作也變成一種專業，那主管在面談時就要更加小心了，主管也要有專業的面談用人水準才行。

❷履歷表只是參考，如果能向應徵者的前任主管請教詢問，也不難得到真相。

35. 用人不疑，疑人不用

對重要部屬，要用人不疑，疑人不用，而關鍵要從慎始開始。如能晉用德才兼備的部屬，才能用人不疑，徹底放手讓他發揮。

我花了非常多的時間在面談上，不只是高階主管要親自面談，甚至連一些重要的中階主管也要親自面談；有時候一面談就是數個小時，非常曠日費時。我的人事主管建議我不需要如此，只要針對少部分高階主管下工夫即可。

我的回答是：我不是在面談員工，我是在尋找可以全然信賴的工作夥伴，因此不僅重要的高階主管我要面談，針對一些重要職位，我也要掌握那些未來可能成為公司重要經營夥伴的中階幹部！

而當一個人被任用之後，我就推心置腹的全然信賴。可是也有很多人，經過仔細的面談，並經過人事部門各方面的用心訪查之後，雖然能力合適，但只要有些微的疑慮，我也會斷然放棄。在全然信賴與疑慮之間，沒有任何模糊的空間，我寧可不用，但不要用了之後，還要有任何疑慮。

這是中國古話中「用人不疑，疑人不用」的原則，這或許與現在企業經營「監督與制衡」（Check & Balance）的原則違背，但就領導者個人的用人風格上，這仍然是不可忽視的原則，因為信賴是組織核心團隊力量的來源。

或許應該這樣說，現代企業組織的設計，只相信制度與系統，基本上不相信個人。因此任何職位，都有一定的授權，也都有一定的監督機制，絕對不會讓某一個人有一手遮天的機會，這是內稽內控的基本原則。但就領導者及組織團隊成員的互動而言，就不是這樣，因為人與人之間如果沒有互信，做起事來，處處設防、互相猜忌，那這個組織絕對分崩離析，不可能產生力量。

因此對人的信賴，絕對是基本美德，而要具有全然的信賴，那麼就需要事前的仔細過濾、檢查；事前小心謹慎的檢查，無疑是「先小人，後君子」的最佳注解。因為推心置腹，來自於彼此徹底的理解，也來自於彼此沒有性格、立場、價值觀、道德判準上的基本歧異。而「信賴」更會引發感動、引起共鳴，讓團隊上下一心，一致對外。

把可疑、有疑的人拒絕在組織門外，是讓團隊團結的最佳方法，但也不能排除可能的用人錯誤。作為領導者，也要有能力在每天的運作過程中，找出有疑的人，並加以排除。這是充滿智慧的考驗，因為領導者需要在不疑中有疑，又要在有疑時仔細檢查，既不能傷團隊和氣，導致人心惶惶，違反了用人不疑的原則；又不能孟浪從事，以致錯殺好人，這就好比要在組織內部找出埋伏的「奸細」，要不動聲色，又要快、狠、準，一舉成擒。一個比較簡單的方法是，把有疑的人調離核心，慢慢觀察。

全然信賴，是領導者天生領導魅力的來源，也是部屬為組織、為主管全力以赴、全力奉獻的理由，「用人不疑，疑人不用」是領導者必備的用人邏輯；監督與制衡，則留給制度吧！

後記：

信賴是領導者重要的魅力來源，因為信賴，部屬才會義無反顧，永遠追隨，多疑的人是不容易建立核心團隊的。

36. 不負其才，稍遠其人

用好人、用高道德標準的人。但如果有才無德，還能用嗎？曾國藩的用人智慧，值得參考。

一個主管來問我：他有一個非常能幹的部屬，但是人緣差，會欺壓同事，經常弄得團隊雞犬不寧，他想放棄這個人，又覺得可惜，因為能力實在不錯，因而這個主管猶豫不決，不知如何是好。

這個劇情讓我想起一個慘痛的經驗，創業初期，公司混亂不堪，好不容易來了一個管理的長才，對公司的制度化幫助很大。我正在深慶得人之餘，卻發覺有些老同事紛紛離職，經過深入瞭解，原來這位新進的管理長才，也是一流的辦公室政治高手，結黨營私、欺壓同事、奉承阿諛、爭功諉過。剛開始，我也一樣愛才，沒有斷然處理，一直到公司的核心團隊向我攤牌，我才醒悟，讓這位讓我又愛又恨的管理長才離開，公司才穩定下來。

想起這段經驗，我對這個主管的回答當然是清楚明白：對有才無德者，應立即斷然處置，絕不苟且、貪用其才，而使組織陷入是非不明、雞棲鳳凰食的混亂狀況，因為再好的能力比不上整個組織離心離德，好人蒙塵、小丑跳梁的後果。

不過這樣的回答，無法滿足這位主管。他又問了一個複雜的問題：有才無德，當然絕不可用。但是如果這個人只是行事作為上，是個麻煩人物，還說不上道德有虧、行為不端呢？

這確實是個好問題。在組織中，如果有人真的貪贓枉法、罪證確鑿，當然要立即推出午門斬首，絕不寬貸。但主管用人的困難，在於有些人惡行未顯，只是為人處世有不良評價，無法讓人放心，又將如何對待？

用其才，非信任其人

清末名將曾國藩先生，在對其弟的家書中就提到：「不負其才，稍遠其人」八字訣。這是對應有才能，但風評不佳的人的用人方法。意思是可以就其才能來運用，但主管一定要遠離這個人，不要給予太大的肯定，以免這個人變成組織中的主流派，讓這些道德操守可能有問題的人，變成主管身邊的不定時炸彈，一旦發生問題，組織與主管都不至於受到太大的傷害。

好一個「不負其才，稍遠其人」，一語說破了主管對應問題人物的方法。用其才幹是就事論事，給有特殊能力的人，適當的舞台讓其發揮，絕對正確。但因對其人格、品德，不完全有把握，這時遠離又是明智的策略。讓所有的人都知道，主管是用其才，非信任其人，要小心謹慎的觀察其言行，以免這個人狐假虎威、欺壓善良，成為組織的凶手。

「遠其人」更精準的定義是：絕對不是主管的二把手或者是培養中的接班人，因為讓有才無德者成為組織的二把手，代表這個組織不重視品德，代表主管做事可以無所不用其極，這不是一個健康的組織應該認同的邏輯。

主管用人，品德至上，是帝王法則，遠離有才無德者，不可須臾或忘。但對那些不確定道德有虧但又能力很強的人，「不負其才，稍遠其人」又是最安全的用法，曾文正公提供了最實用的主管智慧。

後記：

曾國藩的家書隱藏了無數帶兵、用人、經世致用的智慧，絕對值得用心仔細品味。

我在初中時，校長就要求我們讀曾國藩家書，當時覺得曾國藩不時訓誡弟弟、教訓部屬，似乎很八股，但家書文字優美，頗有可觀。但經過長期閱讀後，發覺曾氏家書令人回味無窮。

37. 坦然面對，接班計畫

接班計畫對台灣企業來說，是個充滿猜疑的敏感問題。其實，接班計畫並非找人取代自己，而是培養左右手，不僅提升績效，更是決定自己能否向上提升的關鍵。

一位在美商工作了一輩子的華人主管，拜中國市場勃興之賜，終於被升成亞洲區最高主管。就在他正式上任那一天，接到了來自總部人資部門的電子郵件，要他安排接班計畫，並詢問能接任他職位的可能人選。

這是非常不好的感覺：「我才上任第一天，就要問我的接班計畫，這實在太沒人情味了。」他一方面抱怨，但還是在時間內準時交出了他的接班計畫，建議公司就地培養人才，從中國本地工作者中培訓未來的接班人。

在跨國企業，接班計畫（Succession Plan）是最基本不過的事，任何人上任新工作就要提出。但在台灣本土企業，即使是再大的公司，這件事都做得不到位。要求部屬提出接班計畫，總有難以啟齒之感，好像對部屬不滿意，又好像準備換人，因此，即使在外商公司，接班計畫的安排也是由人資部門負全責，就是要避免上下屬主管之間的尷尬。

接班計畫是個敏感問題。工作者期待自己是不可取代的人才，可是公司期待每個職位都要穩定，尤其是關鍵性的工作，更要後繼有人，這是組織與個人利益的不一致。而工作者又如何面對這個敏感問題呢？

最壞的做法是排擠人才：讓自己成為無可取代的人。這是組織最不能忍受的壞主管，過去我只要發覺主管有這種傾向，我會毫不猶豫地趕走他，因為這種人是組織沉淪的開始，他違反了主管要提拔人才的天職。

不只不能排擠人才，連不積極培養人才都是主管不可原諒的過錯。這也是外商公司要用制度執行接班計畫的原因。因此，身為主管想逃避接班計畫是不可能的，除非你任職的公司是個架構不健全的壞公司。

積極面對接班計畫，其實隱含了幾個正確的工作態度：（一）對自己的能力有信心，不擔心被取代；（二）引進及培養好的人才，才能讓自己的部門績效蒸蒸日上，創造更好的業績；（三）對自己的未來有期待，接班人培養完成，就是自己提升到更大空間的時候。

更正確的說法，其實不只是坦然面對接班計畫，而是期待接班計畫早日完成。我曾經告誡一個能力很強的主管，他很期待升官，但不重視培養人才。「接班人訓練完成，你才能被提升」。這說明了積極培養人才、培養接班人，是每一個主管向上提升的先決條件。

其實如果不用「接班」這個敏感的字眼，每個主管每天在做的事，都和接班有關。主管就是要帶人、用人、訓練人，要集眾力為己力，這不就是培養人嗎？而有了好的部屬，主管不就可以更輕鬆工作嗎？如果對這些好部屬，再加以營運、領導及管理訓練，這不就是接班人了嗎？因此好的主管早已完成接班人的大部分工作，只要填上姓名，就是接班計畫，好的主管應用雙手擁抱接班計畫才是。

後記：

在現實的職場中，任何人若只想要保住職位，而不是積極的把工作績效做好，下場一定是悲慘的。面對接班人的培養，又是觀察主管氣度胸襟的關鍵。

38. 期求獲得先付出：要有權，先有責

「沒權力，如何要我負責任」，這是職場中最常聽見的一句話，確實，無權者無責，這是組織中的常態。問題是老闆也常感嘆：「你沒能力，我如何給你權力呢？」

如果權力是做出表現、做出貢獻的前提，那就陷入「雞生蛋，蛋生雞」的僵局，一定要有突破性的思考，才能有所改變。「要有權，先有責」，是我生涯起步時的寫照，也讓我突破了青澀的學習期。

三十歲不到時，我在當時剛創刊的《工商時報》工作，我的職位是工商服務部的副主任，做的是廣告業務。報社為了提升影響力，籌劃了許多的大型活動，包括展覽、表演等，而我被指派為這些大型活動的執行者，從規畫、策展、執行，到善後，所有的大小事，我都要參與，我擁有一個不相干的頭銜，但卻要完成所有的事。

當時我最大的感慨是，我的工作複雜、沉重，但我卻沒有權力指揮任何單位，

每一件事我都要用各種方法去協調、去溝通、去拜託、去說服，才能使大家願意參與，我也才能完成報社交付的任務。

儘管這些大活動，我是受總經理之命執行，但許多事我是不能直接以總經理的指令，命令大家配合我做事。尤其碰到像編輯部這樣的強勢單位，廣告部更是矮人一截，要他們協助一向是困難重重。

我能依賴的是個人的情誼、溝通技巧，以及柔軟的身段，在沒有實質的權力之下，我用自己的方法完成任務。

這樣的經驗讓我學會一件事：在沒有權力時，如何完成工作？如何能負責？可是現在我在帶領團隊時，卻常聽到不同的抱怨：「我沒有權力，如何叫我負責任？」

表面上這句話當然是對的，工作要權責相符，名正則言順，言順則事從，這是組織工作的基本法則。

可是組織上更可能發生的是：「大人」有名、有權、有責，但「大人」把工作交給一個他能信賴的工作者，由這個「小人」來完成工作、負擔責任，並擔任教練與指導。

這種狀況是「大人」對「小人」的愛護、培養，與工作上的分憂解勞。就像我在《工商時報》的經驗一樣，那些大活動，當然是總經理負責任、擔任總指揮，以我當時的經歷，一個剛進報社的工作者，只有做事的份，當然沒名，也沒權，可是總經理把工作交給我，要我負責。我感受到的是被賞識、被器重，我全力以赴，願為知己者死。這是我當時最大的工作動力來源。

我很想告訴這些抱怨「有責無權」的工作者，權責永遠是不可能相符的。在工作學習中，權力提升最快的方法，是先學會負責任，先學會完成工作。通常沒有權的工作狀況，代表了主管正在對你做最嚴格的考驗，如果你能通過考驗，那麼職位的提升就不遠了。

被賦予工作，是認同、是肯定，尤其那些非本職本分的工作，當主管看到你的潛力，就會測試你的可能，這是每個人成長的機會。

而能替你的主管負責任，更是部屬的面子，主管不會把工作與責任交給一個他不放心的人，這樣部屬有機會學會用主管的心態想問題、做事情，千萬不要告訴你的老闆：「沒權力，如何要我負責任？」

因為這句話的意思隱含著要脅、拿喬，代表你對現況不滿、你想升官；當然更直接的意思，是你不想成長，不知主管正在培養你。

後記：

❶這篇文章在網路上也有諸多討論，論者以為這又是老闆誘騙員工上當的技倆，讓員工負不該負的責。我想說的是：我的說法未必正確，讀者可以不相信，但不要揣測動機，因為當我年輕時，我是小工作者，沒道理替老闆說項。

❷我承認在無權之下，要負責是極困難的，只有少數人能走過這道關卡，用多一分的努力、溝通、智慧，是唯一的方法。

39. 只跟一個人說話

好的團隊，訓練有素、成員整齊、分工清楚，因此領導者只要和核心主管對話，就能運作順暢。「只和一個人說話」，就是成熟團隊的最高境界。

剛創業時，每天被工作纏身，忙得不可開交，可是公司卻毫無起色。有一次遇到一位前輩張繼高先生，談起經營與創業的狀況，由於張先生是成功的創業家，我很期待從他身上得到指點。

他告訴我們，他經營企業，完全放手給主管去做，他「只跟一個人說話」，凡事交代這個主管，而自己也靜下心來，想策略、想重要的事。至於團隊其他的人，完全由主管去管理。

當時聽到這個答案，頗有「何不食肉糜」的感嘆，因為我每天和團隊一起工作、一起打拚，事情都有可能做不完了，怎麼可能「只跟一個人說話」、放手給別人去做呢？我覺得張先生的公司已上軌道，才能達到此一境界，對當時的我而言，根本不可能這樣做。

不過這一句話，始終在我腦中徘徊，我覺得這應該是對的，問題只在如何去做而已！

某次，為了新的投資計畫，仔細盤點了我手中的核心團隊，我忽然發覺，在每一個營運團隊中，我真的只和團隊主管溝通，我互動的對象真的只有次一級的團隊負責人，「只跟一個人說話」這句話又在我腦中響起。

我只和團隊主管說話，已經有好些年了。我把整個公司分成次集團、事業群以及產品線，只有約十幾個主管直接向我報告，而每一個直線主管都要為他的團隊營運結果負完全責任；我只和主管說話，然後就沒有我的事了。

想到這裡，我開始領悟到張繼高先生所言的真正含義，這確實是領導者的最高境界，只不過這要經過長期的建構過程。

從結果倒推，我之所以能只和一個人說話，就可營運順暢，原因是我找到（或培育）出一個能力及操守都可信賴的人，並形塑出穩定的組織文化及企業價值觀。而這個可以信賴的人，又有效的建立一個經營的核心團隊。所以我只要訂方向、提願景、訂目標，這個可信賴的人就能完成我交付的任務。

我回想過去這些年來，我所走過的路——每一個營運團隊，我都曾經和他們一起工作、慢慢找出這個團隊的營運模式，及工作中的標準工作準則與作業流程。

經過長期的工作，我從核心團隊中找出有潛力的工作者，然後慢慢把他培養成可以託付重任的人，最後他就變成那個我「只跟他說話」的人，而我自己可以空出雙手，靈台清明想未來的策略。

如果在團隊中，有這個潛力新秀，這真是幸運，我只要努力培育他就好。不幸的，我經常在現有的團隊中找不到這樣可以託付重任的人，這時我就要在進用新人時更加費心，希望有好人才加入，並加速培訓。如不可得，最後也免不掉從外部尋找空降部隊，這就要冒另外的風險了。

我終於想清楚「只跟一個人說話」的道理，我也更清楚「三顧茅廬」及「蕭何月下追韓信」的故事，和企業經營的關係。

後記：

❶張繼高先生是音樂人、是媒體人，也是成功的經營者。這篇文章登出後，他的女兒和我聯繫，告訴我她在中國領導團隊的經驗，頗得其父之精髓，父女兩代都有成就，相得益彰。

❷只和一個人説話，要有能人、幹才，所以尋訪人才時，三顧茅廬都不嫌煩。

40. 辨識組織可用的人才

人才要長期培養，尤其從組織中循序漸進培育，成效最大。如何分辨組織中的人才，領導者要花工夫，不要忽視了身邊的人才。

一個能幹的女部屬，因為感情的糾葛，一時想不開而自我了斷。在參與處理相關後事時，我才發覺她是一位極傑出的工作者，而且已經來公司五年，這讓我十分自責。一個傑出的員工，來公司五年，而我竟然不知道、不認識，沒能給予特別的照顧與安排，我怎能自認是一個愛才、識才的主管呢？

經過這一次教訓，我開始留意身邊的人才，對那些已經到職一定年限以上的員工，而且有特殊表現者，我會進行約談、關切，並主動參與這些傑出工作者的升遷與生涯規畫。

尋找傑出人才，是領導者最重要的工作。組織由核心團隊組成，核心團隊才能的高低，又決定了組織的成敗，因此尋找傑出人才，使其成為核心團隊成員，並有效培養、強化團隊能力，這是領導者責無旁貸的事。

當我還是直線主管時，每一次應徵新人，我必定親力親為，好的學校、好的學歷、好的背景，這些立即可以辨識的人才，我當然不放過。除此之外，我更重視那些特立獨行的能人異士。這種人往往行為特異、性格古怪，對某些事情有獨鍾，而又非專業科班出身，因為熱忱與興趣，而累積成某一種專業。對這種人我通常特別重視，刻意網羅，當然也得到相當好的回報。

許多學歷不佳，但自學有成且熱忱十足的工作者，成為我的核心團隊的中流砥柱。我常感慨，組織中選才與育才同等重要，能在進用之初，得到質精的人才，培育之後才能得到最傑出的人才，否則僅得中才而已。

不過才氣縱橫的人才，有時候並非組織可用的人才，遇到這種人，也不能強求。

有一次，一個朋友推薦一位傑出的年輕人，說他創意十足且能力極佳。我一見面即驚為天人，我知道這必是一位不可多得的人才。我仔細的聆聽他的想法，瞭解他的個性，並詢問他對未來的期待，總之，我已下定決心，要網羅這位「能人異士」，我盡可能提出自認最有想像力的工作邀請，並開出極優厚的條件，這位年輕人雖然沒有當下拒絕，但幾經溝通之後，最後還是選擇自己創業，無緣共事。

經過這樣的經驗後，我知道有些人才並非組織可用，他們有特殊的脾性，在組織的規範下，他們未必能發揮，而如果這種人才，再加上具有創業精神，那他們必然會走出自己的路，組織再怎麼曲意挽留也無法成功。

因此辨識人才之外，還要辨識是否為組織可用的人才。才氣、能力可以特立獨行，但個性、脾氣卻不可特立獨行，太過自我中心、太過孤芳自賞，無法與團隊成員共事合作，這種「超級」的人才，往往不是一般組織能用。

尤其對小公司而言，資源條件不足，更無法容納特殊人才，因此尋找組織適用、好用、能用的人才，比尋找傑出的人才更重要。

後記：

❶從這次事件之後，我每年都會仔細過濾工作已經三年以上的員工，從中挑選好的人才，重點培育，並逐年追蹤，絕不放過身邊的璞玉。

❷外求人才之時，我會設定觀察期，而不會立即給予重任，以免錯用。

41. 社長，我是小豆子！

才華橫溢的人才，固然可貴，但兢兢業業的員工更可貴，因為默默工作的員工，是拿青春與忠誠來服務公司，他們也是團隊中最穩定的力量。

在辦公室的電梯裡，遇到一個活潑的小女生，見到我一路笑，我雖一時眼生，但也只好點頭回禮，她看我似乎認不出來她是誰，於是出聲向我打招呼：「社長，我是業務助理小豆子啊！」

她這一提醒，我立即回想起創業初期，那個五專沒畢業就到公司打工，而畢業後，就正式來擔任業務助理的「小豆子」——一位個性外向，但一切都極平凡的上班族。我還記得她公開承認，她人生最大的目標就是嫁人、生小孩，而上班只是她賺個薪水貼補家用的方式，當時我直覺：怎麼會有這麼沒志氣的年輕人？可是在工作上她還算中規中矩，之後我事務繁忙，對她就不再有印象了。

小豆子告訴我，她一直沒離開我們公司，也一直在業務單位擔任行政工作，而現在已是一名小主管。我大為吃驚，竟然有人已經和我一起工作十幾年，而我毫無所知。我詢問小豆子的主管，小豆子的表現如何？他們告訴我：小豆子目前是後勤平台中最幹練的主管，最瞭解全公司的業務。

這件事引發我許多聯想：我的識人、用人似乎有極大的改進空間，為什麼一個跟我工作這麼久的人，我沒有表現過任何的關心？更可怕的是，這個現在表現很好的部屬，在她剛進公司時，我竟然沒有注意看好她，任由她在公司內自然成長。幸好她的主管沒有埋沒她，而她自己也有足夠的耐性，在組織中，從底層做起，一步步慢慢學習，終於找到自己的位置，公司也得到一位苦幹實幹、忠誠度極高的幹部。

我用人的問題在於：我太重視外顯的能力與創意，也太重視外顯的企圖心，這兩者讓我忽視「小豆子」這樣的人。她是個穩定的基層工作者，能力不強，但兢兢業業、辛苦工作；她或許不靈巧聰明，但慢慢累積經驗，逐漸成為部門中不可或缺的人才。而她不掩飾「平凡」——想結婚，以家庭為重——更讓我產生誤會，以為她不會長期在職場上打拚，隨時會辭職回家。但這些判斷都錯了，她用時間證明，她是我們公司最重要的核心戰力，也是公司最穩定的力量。

傑出的人才，當然是企業成長的關鍵，但傑出的人才通常不易得、不可得，而「大才有大欲」，很難滿足，長留不易；且大才也有脾性，更難管理。反而是一般的人才，唾手可得，但要有慧眼識人、有耐心養人、有方法育人，這才是企業用人最堅苦的基石，「小豆子」讓我上了一課，謝謝「小豆子」！

後記：

❶這個故事發生後，我開始注意公司中的無名英雄，在每個單位中都有這樣的人，尤其是那些能升成小主管的工作者，這些人是我們核心團隊的成員。

❷也有一些人在職很久，但能力、領導力都不足以提升為主管，仍是小工作者，這種人只要不倚老賣老，持續努力工作，也仍可為公司所用。

42. 能說、會做、敢承諾

許多有能力的人，卻始終成不了氣候，原因是他只會做事，不敢承擔壓力，他不敢對未來的工作成果做出承諾、扛起責任，因此只能做一個追隨者，而不會變成領導者。

承諾是自我提升的第一步。

最近公司中的一個營運單位，正在規劃一次大型的行銷案，他們向公司申請了數百萬的行銷預算，當然也提出了他們的工作規畫。

我心血來潮，覺得該去聽聽看這群小朋友的想法。他們真的是小朋友，大多不到三十歲，是典型的網路世代，什麼都不怕、什麼都敢做，火星文就是他們的文化。

聽完他們的簡報，他們確實是充滿想像，很多的創意是我這種老人家想不出來的。不過有一件事是我不能認同的，就是他們提出了很多的做法，但卻對結果沒有明確的承諾。我要求他們對行銷的成果，一定要提出目標與承諾。

他們說：只要做了行銷，成果會在未來的營運中慢慢顯現，他們不敢承諾會立即得到什麼成效。

我當然不同意這種說法，我逼他們說出承諾，當然也協助他們如何推估承諾、實踐承諾。這也讓我想起三十年前我學習承諾的過程，「承諾」是一個工作者最後的、也最重要的歷練。

三十年前，我初入社會，努力做事，「會做事」是我第一件學會的事，對長官交代、職責範圍內的事，我一定限期且高品質的完成。

我學會的第二件事就是「能說」，對任何事我嘗試發表看法。對公司面臨的問題、困難，以及正在執行的工作，我敢從我的角度，陳述意見，提供解決方案。我從一個安靜做事的人，開始變成組織中有聲音的人，也是組織中積極參與的中流砥柱。

學會「會做」、「能說」，我還只是組織中的泛泛之輩，一直到有一次我負責一個專案，我做得非常成功，我覺得長官應給我很大的獎賞，但我沒得到，就忍不住向長官抗議。

但他告訴我，這些成果不完全是我的功勞，因為在事前我沒有說出承諾，也不敢承諾。他說：如果你在事前，不只做出計畫，而且預測結果、說出承諾、訂下目標，那這些成果都是你的努力與能力所完成的，因為你早已預見結果。而對沒有承諾的成果，你只是其中一分子，還有其他因素促成成果，你無法全居其功。

從此以後，我做任何事，都要清楚許下承諾，而且承諾一定要讓團隊、長官、公司所有人知道，因為這代表百分之百是我的能力完成的。

當然承諾具有極大的風險，這也是工作中最難突破的考驗。因為承諾一定要有挑戰，否則沒有意義，而承諾越高、承諾的規格越大，失手的機會就越大。

高承諾要膽識，完成高承諾要能力、要執行力。而只要我們說出承諾，我們就要有百分之百完成的把握。這完全是考驗工作者全方位的能力，從策略思考，到規劃、到預判、到態度、到膽識、到一點一滴的執行細節等。沒有這些條件，沒有人敢大膽說出承諾。

現在我知道，能說、會做只是一般人，敢事先說出承諾，而且能準確完成，這才是組織中的傑出人才，而我每天也都還在實踐承諾的考驗中。

後記：

❶承諾是挺身而出，從一般人中提升為棟梁之才，這是領導者才具有的特質。

❷學會承諾，可從小事開始，由小而大，要確守承諾能實現，逐漸成長。

第 3 章

主管的團隊學

團隊永遠在流動，有人走，有人進，
進來的都是好人，留下的也都是好人，團隊就變好。
這種良性循環不會自動發生，完全要靠主管，
小心選擇、仔細考核、嚴加淘汰，才能做到。

目標一致、力量集中

一個人做事乾淨俐落，兩個人做事相互照應，三個人做事協調分工，許多人做事沒有規則、亂成一團。主管要帶領許多人做事，絕對不可以雜亂無章，這考驗了主管團隊領導指揮的作戰能力。

團隊作業首重成員組合，要針對工作內涵，組合不同的專長，形成合作、互補的團隊；其次要調動成員的積極性，汰換不適合的人員，設定具有挑戰性的目標，促進團隊整體能力提升，要懲戒犯規的成員，促使團隊向中看齊，嚴守紀律。

團隊領導也講究互動、互信，主管對部屬要給予空間：忍耐他們的學習，並嚴加訓練，對他們周遭所發生的小事，細心關心，才能使整個團隊變成綿密的高效率組織。

主管讓許多人變成一體，目標一致，力量集中，這就是團隊領導。

43. 複雜基因，多元組合——主管建構團隊應有的觀念

每個團隊都要有「異議人士」，近親繁殖可能導致族群滅種。讓團隊擁有不同的背景、經驗，才能使團隊有創意、有變化，是主管的責任。引進異業人士，要變成組織的人才吸收原則，才能避免同質化的危機。

媒體是一個特殊的行業，因此我過去用的人大都是媒體出身的工作者，要不就是像張白紙、剛畢業的新鮮人，不敢輕易嘗試其他背景的人；整個組織中，大家有共通的語言、共同的經驗，因為我們覺得這個特殊行業容不下不同行業的人。

但一次意外的經驗，打破了這種成見。一個公關公司出身的人，偶然成為我們公司的行銷主管，他的所作所為讓我眼睛一亮。因為沒有媒體專業背景，不按牌理出牌，反而經常收到意想不到的效果；再加上引進了公關的專業經驗，讓整個行銷作為提升到更高的領域，我非常慶幸這個「美麗的意外」。

這是標準的「異場域碰撞」（《梅迪奇效應》，商周出版），也讓我決定在用人

上打破限制，大量引進不同背景、不同專業、不同性格的工作者，要建立起一個「複雜基因，多元組合」的工作團隊，這樣才能在原有的基礎上，開創出更多的可能，培養出更複雜多元的能力。

引進異業人才，只是多元組合的一種模式，而且是絕對必要的方法。在倉儲管理上，我就曾經有不得不引進異業人才的經驗。媒體的庫存規模不大，複雜度不高，因而相關的人才不多，但是當我們整合了很多家出版社及雜誌社，成為一個營運單位之後，庫存管理數量暴增、進出貨頻繁，就變成巨大的困難。媒體同業中沒有可以借鏡的經驗，迫不得已只好向異業學習，甚至考慮「第三方倉管及物流公司」成為我們的協力單位。如果我仍然在同業中尋求解答，肯定得不到答案。

「複雜基因，多元組合」不僅要求各種不同的專長與分工，團隊要按照任務所需，配置不同專業、不同背景、不同職能的工作人才，務期要使組織變成一個高效率、高協調性、高互補性的團隊，這是克敵制勝的關鍵。

不僅如此，因為分工不同、專業不同，需要不同的人才，這是「顯性基因」的搭配。但深入探討團隊組合，還有「隱性基因」的問題，這指的是個性、態度與人格特質。好的多元團隊不只要顧及專業背景，更要有性格上的互補與平衡。

人生百種，個個不同：有人積極、有人消極；有人樂觀、有人保守；有人快、有人慢；有人緩、有人急……，大多數的領導者，都喜歡任用與自己個性相合的人，性格相似、節奏相合，工作容易合作愉快，物以類聚，理所當然。但從團隊組合的角度來看，如果能進一步考慮「隱性基因」的團隊組合，團隊會更健康，並在關鍵時候發揮平衡的效果。

長期工作的經驗，讓我非常重視「逆耳忠言」，也很小心謹慎的處理與我意見不合的同事，因為我知道，這些人、這些意見都代表「隱藏性基因」的存在，如果這些人都不存在了，就算表面上擁有不同專業的多元組合，也做不到內部「眾聲喧嘩」、相互平衡、相互激盪的創意想像。

後記：

❶複雜基因與團隊共識是有衝突的，因此當團隊存在「異議人士」時，主管要小心呵護，要強調尊重每一個人的發言權，與容納不同的意見，否則，多元組合不可能存在。

❷主管每經過一段時間後，都要對團隊成員重新檢討，針對關鍵性的能力，比對團隊是否完全具備，如有缺乏，要重點補強。

44. 對的人上車，錯的人下車

團隊永遠在流動，有人走，有人進，進來的都是好人，留下的也都是好人，團隊就變好。這種良性循環不會自動發生，完全要靠主管，小心選擇、仔細考核、嚴加淘汰，才能做到。

我的公司裡有很多獨立營運的單位，每個單位都是利潤中心，很容易檢查這些單位的績效。我最重要的工作就是：讓賺錢的單位賺更多錢，讓賠錢的單位不賠錢，或變成賺錢。工作內容很明確，但難度很高。

剛開始時，我的方法是下去檢查這些單位的工作內涵，協助他們調整、提升效率，和他們一起努力工作。但這個方法有時有效，有時沒效。

經過檢討後，我發覺有效的單位是因為他們的主管還不錯，只是有些流程沒弄好，有些工作不順暢，其實不需要我的協助，他們自己也能調整改善。而無效的單位則是因為主管有問題，主管不稱職，就算有我的協助也沒用。

我決定改變方法：先檢查主管對不對，如果主管不對，就直接換人。如果主管還好，只是能力不全面，就給他時間，要他自我調整。換人和訓練人變成改變績效最直接的方法，但絕不下手協助他們工作。

這個方法非常有效，一個賠了數年的單位，換了一個專業完全不一樣的主管之後，一上任就大刀闊斧，把許多有經驗的老人全部資遣，提升了一些十分資淺的人，而產品內容也大幅調整，不到一年，這個單位就脫胎換骨，從賠錢變賺錢。

我確定了一件事，就是主管與領導者最重要的工作是「讓對的人上車，不對的人下車」，許多管理大師都說過類似的話，但不論讀過多少次，還不如自己在工作中的實踐才能真正體會。從此我把人與事徹底分開，扮演領導者的角色時，我把全部的心力放在人身上；尋找對的部門主管，由他組織有效率的團隊。如果有問題就換人！

末尾百分之十淘汰

找到對的人上車，表面上所有的人資主管都可以協助完成找人的工作，但我確定人資主管可以協助你找到人，卻不見得是好人，好人要領導者自己來確認。

我的方法是把我的需求明確開列，讓人資做初步的過濾，然後由我做深度面談。其間充滿了我個人看人、用人的體悟，不易說明白，但明確的是真正的好人要我自己來找，而且不易隨找隨有，許多人是經過我長期觀察、培養後，才能得到。

下車則是更大的學問。如果公司內已經有不適任淘汰的制度（如末尾百分之十淘汰制），那主管較容易解決這個問題，在每年的考核時，就可以讓不適任者下車。但是大多數公司並無此制度，因此讓不適任者下車，就變成主管要扮黑臉，這的確是件為難的事。

我認為就算公司有淘汰制度，但一年淘汰一次還不夠，如果發現壞人，現在就應該讓他走，何需等到年底？至於如果要主管主動扮黑臉，就要領導者確認這是責無旁貸的工作，這是不能心軟的工作，因為對不適任者心慈手軟，就是對好員工的懲罰。

大多數主管不是不會做，是不知道要扮黑臉。讓錯的人下車，就是最狠心的黑臉，這是主管的第一課！

後記：

❶主管都會讓好的人上車，但通常不會讓壞的人下車，大多數的主管通常會用資遣的方法，趕走壞人，還自以為「仁慈」、自以為可以贏得人心，但這絕對錯誤。當壞人可以拿到資遣費，那是變相獎勵，會讓好人不滿，可能使團隊出現逆選擇。

❷對不稱職的人嚴格考核，迫使其進步改善，是唯一的方法。當他知道團隊對他能力的不滿，而又無力改善時，可使其自動離職。主管要敢「板起臉來當壞人」，這是一種訓練，也是藝術。

45. 團隊動員，挑戰極限——主管帶領組織跳躍成長的方法

每一段時間，我都會為我的團隊設計一項大活動、大任務、大目標，而且是完全超過團隊正常能力所及的工作，目的是要透過全員參與、全員上緊發條，讓團隊能力挑戰極限、擴張戰力。

一個總經理問我：我有很多事想做，可是我看我的團隊已經非常努力，而且經常超時加班，我實在不忍心再交付他們新的任務，給他們更多的壓力。偏偏有些事不能等，我自己急得要命，卻動彈不得，我可以不顧一切去壓榨團隊嗎？

我的回答是：一般的狀況下，不可以，帶領團隊要合理：不過如果有特殊緊急狀況，領導者在細緻的安排之下，還是可以適當的動員團隊，嘗試挑戰極限，這是每個團隊都可能遇到的狀況。

我非常瞭解這位年輕總經理的情境，他所帶領的團隊配備並不完整，他要完成的任務也有相當的難度，因此應付每日的例行工作已不容易，如果總經理還想設定

更高的目標，絕對會弄得人仰馬翻。

問題是如果這樣就妥協，絕對不可以，一個有作為的主管還需要用各種方法，迫使組織面對困難、挑戰極限，這是團隊跳躍成長的關鍵，也是一個總經理證明自己是個傑出人才的方法。

首先，主管要瞭解每個團隊都有它的工作節奏，每天按照一定的進度前進。如果沒有意外，節奏是穩定的。但意外隨時會發生，因此組織很可能會因而急行軍三個月，待意外解決之後，又回到正常的步調。因此，不論正常的節奏是快、是慢，都還有應變的空間。

不斷調整成長的空間

前述總經理所帶領的團隊，雖然已經處在高度壓縮的情境下，但主管還是會有策略思考，有些事要優先完成，有些工作要加速提前完成，不管現在團隊的運作有多困難，總經理的「意志」還是要被完成，不可以停在原地！

當主管要做這種讓團隊承受壓力及處境雪上加霜的事時，有三個細緻的步驟要注意：（一）盤點與選擇；（二）重新調整工作進度與工作流程；（三）充分的溝通，以取得全團隊的共識。

盤點與選擇指的是全面性的盤點現有工作，要捨棄或延展部分工作，這樣才能加入新的策略性任務。完全不犧牲現有的工作，是不切實際的想法，適度的捨棄會讓所有的團隊成員更加認同新的任務，也可避免因為「強渡關山」導致過大的負擔，而產生意外。

在工作任務調整後，流程與進度當然要重新安排。至於第三項的溝通與形成共識，則是整個任務調整成功的關鍵。

這時候主管通常要強調任務調整的重要，成果達成對公司及整個團隊的意義，當然還要設定工作目標及獎勵機制，最後要讓大家知道這是短暫的「不合理」狀況，期待透過全體團隊的投入，可以換來組織的巨大成果。

只要經過這些調整與安排，主管絕對有機會讓組織挑戰不可能的任務。而且經過一段時間的正常節奏後，一定要設定「急行軍」的目標，這也是組織運作的常態，穩定的日子會讓團隊變得安逸、墮落，每次的動員與挑戰，都是組織跳躍成長的常態。

後記：

❶有一個團隊在我這樣的不斷挑戰極限下，戰力從三千萬、六千萬、一億、一億四，然後盤整兩年，再一舉跳躍到兩億上下，十年之間從一個小單位，成為集團中最有戰力的明星團隊。

❷測試極限值、挑戰臨界點，是主管經常要做的工作，否則團隊經常容易流於安逸。

46. 殺一儆百，令出必行
——領導者如何打造高紀律、高效率團隊

領導者說話算數、說到做到，是紀律的開始，影響所及，團隊成員每一個人都說到做到，紀律團隊就完成了。領導者自己也要小心謹慎，下令前一定要思考再三，否則一旦令出不行，組織的紀律當場蕩然無存。

一個朋友說了一個台塑集團的故事：有一次在餐會上，這個朋友聊到他也打高爾夫球，在場的台塑總經理王永在當場邀請他到台塑經營的長庚球場打球。閒話一句後，大家似乎都忘了這回事。幾個月後，這個朋友與友人相約到長庚球敘，事前並未照會王總經理。但當他在長庚球場櫃台簽名後，櫃台人員馬上說：「歡迎您來！王總有交代，要給您特別的折扣！」整場球招待親切，不在話下。

這就是台塑集團的效率與紀律，老闆閒話一句，整個組織會有效率、精準的貫徹到最末梢的神經。

這樣的效率，其實來自紀律。紀律是什麼？就個人而言：是每一個人有信用，

說話算數、說到做到，絕不打任何折扣。因為每一個人都說到做到，從組織的最上層，任何一個指令都會被貫徹執行，整個組織也是說話算數、說到做到，這就是組織的信用，也是組織的紀律。

組織有紀律，能說到做到，這是效率的開始。能做到，再追逐品質，再講究投入與產出的關係，就是效率，因此紀律是效率之母，任何高效率的組織，一定是高紀律的團隊。

紀律是組織文化的一部分

如何製造團隊的紀律，是極大的學問，因為紀律是組織中的無形氛圍，是組織文化的一部分，是每一個人都講信用、說到做到。因而要製造組織紀律，絕非一蹴可幾。

有一次我接手一個創意及浪漫導向的團隊，我耳聞這個團隊每個人各行其事，完全視紀律於無物。首先我召集全員會議，時間訂為早上九點。事先我一再告知，準時非常重要，因為不準時會浪費大家時間，並且不準時者會被罰站開會，以向準時者道歉，不論他學歷和職位有多高。結果真的有幾位被我罰站開會，從此大家知道我是玩真的。

選一件簡單且充分共識的事，要大家嚴格遵守，然後對少數的違犯者嚴加處分，以明確組織的威信，確立組織的紀律。

這只是開始，更重要的是領導者要小心謹慎導入紀律的做法及觀念。領導者說話算數、說到做到，是紀律的開始。領導者應少開金口，但只要金口一開，絕對不可以打任何折扣，一定要精準的貫徹執行。因此領導者下令前一定要思考再三，絕對有把握、絕對可行的事，才能變成命令；否則一旦令出不行，組織紀律當場蕩然無存。

一旦承諾，就不可打折扣

領導者說話算數之後，同時就要要求每一個人說話算數，承諾前可以充分討論，但一旦承諾，就不可以打任何折扣，要誓「死」達成任務。

組織的紀律，就是指組織有信用，命令能貫徹、決策能執行，而執行的明確表徵就是準時與準確。因此，養成紀律團隊的有效方法是先準時、準確，再講究品質。準時、準確可量化，有客觀標準，容易被檢查，這是塑造紀律文化的關鍵。如下週一交分析報告，準時交出是紀律，報告好不好是品質、是效率。有了紀律再要求品質與效率，先要求有形的紀律，再要求無形的效率。

這就是從做到、到做好的循序漸進的過程。做到是紀律，做好是效率，先有紀律再談效率。一個有紀律的團隊，就是要靠這樣有計畫的一點一滴形成，從領導者到主管、到每一個組織成員，每一個人言而有信，說到做到，慢慢的當所有人集合起來，共同完成一件任務時，大家都精準的完成每一個人的工作，整體的任務就會被完成，這就是組織的信用，也就是組織的紀律。

「殺一儆百」是開始，「令出必行」是結果，而領導者的信用，則是紀律團隊的原點，由領導者擴散到每一個人，進而完成有紀律的組織文化，領導者決定一切！

後記：

❶要殺一儆百，一定要注意命令的可行性，如果只有百分之十的少數不規矩，儘管殺一儆百；但如果做不到的人超過百分之二十，那此命令必有問題，不宜採取強烈手段。

❷紀律在團隊中要經常強調，否則很容易鬆懈。

❸有人說紀律會損害創意，絕無此事！紀律不是要大家用同樣的方法做事，要大家穿制服，而是要大家說到做到，遵守團隊合作的約定。

47. 要人給人，要錢給錢——領導者對部屬的極致信賴與支持

公司或主管如何對一個團隊表示支持？「要人給人，要錢給錢」是最有魅力，而且最令人感動的話，尤其是新創事業，這句話更代表了義無反顧、支持到底的決心。

從傳統的出版內容產業轉型到數位事業，是當今傳媒產業最重要的課題。但數位事業能見度低，商業模式不明確，投入的風險極大，如果公司的決心不足、支持不力，數位事業的轉型可能無疾而終。

當我面對一個洽談中可能購併的數位團隊時，他們問我：未來公司發展數位事業的決心有多大？我回答：全力支持，「要人給人、要錢給錢」！

這八個字「要人給人、要錢給錢」，表現了公司最大的決心，也表現了一個主管對部屬最大的信賴與支持。

按照我的經驗，這八個字也代表主管表示信賴，最有感染力，也最有效力的終

極用語。當然並不是只有這八個字，而沒有任何的配套條件。通常我會這樣補充：公司怕的是你沒能力、你沒膽量、沒想像力，提不出氣派恢弘的計畫。只要你提得出來，公司就看得懂，我們對有想像力的計畫，絕對支持到底；而且要人給人、要錢給錢。

這一段話精準的描述了公司的邏輯、思考，與對部屬信賴的前提要件。領導者對部屬要有絕對的信賴，才能讓工作者義無反顧、視死如歸。但這種信賴絕對不會是直覺的、個人情感的以及一廂情願的信賴，要以提出計畫及預算為前提。

因此，當主管說出「要人給人、要錢給錢」的話時，這絕對不會是口惠的支持，而是可以檢驗、可以信賴的支持。

檢測團隊能力的重要指標

正由於這八個字具有終極信賴的效果，又可以立即被檢驗，所以除非我有百分之百的把握，否則絕對不敢講出這麼豪邁的話。

我要確定幾件事：（一）這個單位所做的事是公司發展的第一順位，既重要且緊急，無可替代；（二）這個團隊（個人）的紀律、能力、執行力一流，可以絕對信賴；（三）對所需要的資金規模，是公司現階段可以負擔的。

當這幾件事都成立時，我就敢豪邁的說：「要人給人、要錢給錢」。而這八個字也會帶給工作者無比的信心。

不過，在說出這八個字之後，部屬接下來的反應，就可看出這個團隊（個人）真正的能力如何？應該給予多大的信賴。

如果部屬立即追問可能的資金額度與人員規模，甚至還立即提出計畫的可能與方向，表示這個團隊（個人）對未來的計畫早已有所準備、成竹在胸，甚至可以說萬事俱備，只欠公司支持的東風而已。如果是這樣，主管要感到欣慰，你的團隊是有想像力的團隊。

相反的，當你說出這八個字後，團隊如果遲遲不行動，他們的能力就要再被仔細檢查。

員工常會以公司資源不足、支持不力為藉口，以掩飾自己的能力不足，這八個字可以檢查出事實的真相！

後記：

❶這八個字其實是江湖話，充滿感性，而非理性，因此主管要說出這句話之前要三思，因為一旦說出，你就要真正做到，否則，只要主管一次食言，從此將聲名掃地。

❷有時我會為這種說法設定蜜月期，如試做一年，要人給人、要錢給錢，且要設定工作成果，以作為日後是否繼續支持的依據。

48. 做個「不動手」的主管

主管要切記，絕不可輕易自己動手做，就算部屬做得不好，也是用「事前要求、事中監督、事後檢討」的方法，讓部屬學習、調整、進步，才有機會建立團結緊密的核心團隊。

一個非常能幹的工作者，升上主管之後，一切都變了，他幾乎一件事情都完成不了。每天忙得團團轉，隨時都在救火，但通常還是來不及，悲劇不斷的發生。

我仔細觀察，他到底發生了什麼事？首先，我發現他工作嫻熟俐落，因此看所有部屬工作的方式不順眼，常常事情做一半，就打斷部屬的工作，甚至拿回來自己做；其次，他不放心任何人，隨時盯著每一件工作，因此他幾乎是掌握部門內每一個工作的細節；第三，他是單向的面對所有的部屬，每一個人都向他彙報，整個團隊幾乎沒有橫向溝通，他變成部門內的核心，也變成瓶頸。

我知道他犯了一個新主管最常見的毛病，叫「單幹戶主管」，有部屬卻不會用，有團隊卻是一盤散沙，自己忙得像無頭蒼蠅，凡事親力親為，但什麼事也完成不了！

「單幹戶主管」通常是能幹的工作者升任主管之後的不適應症。能自我調整的人，大概需要幾個月來克服；但也有人永遠克服不了，成為失敗的主管，最後只好退回工作者的角色。

建立核心團隊

運用團隊、建立團隊，是一個成功主管最關鍵的能力。要擺脫「單幹戶主管」的毛病，也就是要認知核心團隊的重要，有效運用所有部屬的能力，並讓他們協調合作，朝同一個方向邁進。

建立核心團隊的第一步是分工。如果你帶的是五個人以下的小團隊，每一個人都是你的核心團隊，因為團隊小，你的兩眼所及，就可以掌握一切。因此，把所有的工作，按能力、按工作類型，分配給每一個人，讓他們各有所司，主管只需要負責協調溝通。

這時主管要切記，絕不可輕易自己動手做，就算他們做得不好，也是用「事前要求、事中監督、事後檢討」的方法，讓部屬學習、調整、進步，只有每一個部屬稱職、能幹，整個團隊才會有戰力。

如果整個團隊超過五個人以上，那就要在整個團隊中，再建立核心團隊，通常核心團隊是整個團隊的三分之一左右。以二、三十人的部門為例，核心團隊的數目大約在五到十人，這其中會包括部門中功能別的小組長，以及各專業分工中能力最強的工作者。

整個團隊的運作就是由主管本身，再加上功能別小組長，以及最熟練的工作者組成。由這個三分之一左右的團隊成員，再帶動另外三分之二的工作者，形成一個有效率的運作組織。

所有的工作及任務，全部透過核心團隊的運作完成，這時候主管就不是「單幹戶」，任何狀況發生，隨時都會有和你同心協力的核心成員協助你解決。遇到困難，也會透過集思廣益、商量討論，以尋求最佳的解決方案。主管不再用一己的能力、一己的智慧做事，而是集眾人之力、集核心團隊成員之智慧。

當核心團隊形成之後，整個組織的穩定也就確立，因為任何非核心成員的異動，都會有核心成員去管理，而主管只要確保核心團隊的穩定就好。

後記：

❶「單幹户主管」是以工作專長而升官的領導者最常見的問題，幹練的工作者當主管，通常很會做事，但疏於治人；所以禁止自己動手，可能是有效的自我調整法。

❷主管通常都十分忙碌，要「不動手」可能是不切實際，但主管心中要以此為目標，努力訓練調整團隊，終究會達成目標。

49. 訓練自己，訓練部屬——領導者的自我學習與團隊學習

主管要注意兩種不足：自己能力的不足及部屬能力的不足。自己的不足要私下自我努力學習，部屬的不足，則要設定時限，要求部屬學習改進，必要時更要提撥預算給予訓練。

新上任的主管，通常洋溢在升遷的喜悅中，因此往往急於一顯身手，期待能用新人、新氣象，營造耳目一新的氣勢。這當然無可厚非，也是新主管展現能力與實力的必要作為。

但投入工作、展現能力，只是主管的一部分功能，一個領導者長期要獲得認同與肯定，自我訓練、自我學習與團隊訓練、團隊學習同等重要。

嚴格來說，沒有主管是完人，每個人都因為有某些優點，所以才能獲得升遷，這些優點是升遷的理由，但絕對不是主管能長期被肯定的原因。每個主管也會有許多缺點，這些缺點通常會在優點的光芒下被忽視，但缺點並非不存在，也並非沒影

響，在許多關鍵時刻，這些缺點往往容易變成致命的傷害。

因此，瞭解自己的優點、瞭解自己的弱點、瞭解自己的問題，之後再透過自我學習、自我訓練，才是主管往往能長期績效表現卓著的原因。這裡要特別強調的是「自主性」，因為主管已經是個領導者，雖然還有更上層的主管，但基於尊重，給予「主管」更大的空間，因此就算「主管」能力有所不足，通常大家也只是看在眼裡，期待「主管」自行改善，很少會有外來的規勸或提醒。

訓練部屬是主管必要的責任

領導者往往是孤獨的，自己要有足夠的冷靜、要能看清楚自己的弱點；自己也要有足夠的謙虛，要知道不論有多大的豐功偉績，背後仍然潛藏著問題。針對自己的弱點，設定時間，限期改善，不能有任何的怠惰，也不輕易妥協，這是主管的自主學習、自我訓練。

在訓練自己之外，訓練部屬則是主管另一個必要的責任。部屬能力強，工作表現就好，改善部屬的工作能力，是提高績效的根本辦法。對部屬的訓練，大概可以分為三個步驟進行：（一）盤點部屬的能力，找出部屬的缺點；（二）明確告知部屬有何缺失，並要求限期改善；（三）對無法改善的部屬進行處理。

第一個步驟，講究的是對部屬未來升遷的想像。許多工作者表現上看起來沒缺點，但如果從未來升遷的可能推估，就完全不同，主管的責任不只是發覺部屬現在的問題，更應該未雨綢繆，逼迫部屬成長。

第二個步驟，強調的是溝通與達成改善的協調。不只告訴部屬問題，也告訴他如果這些缺點能改善（或者能力能增強），公司可能會給予他更大的發揮空間。這種帶有期待與獎勵的訓練與改善要求，往往能迫使部屬快速成長。

第三個步驟則是最困難，且最有學問的。對不能如期改善的部屬如果不加處理，則前功盡棄，甚至會形成劣幣驅逐良幣。這時候，主管的決心是部屬能否改變的關鍵。通常一個好主管會以非常堅決的態度告誡部屬，如果不能限期改善，公司絕不容忍任何沒有自我學習成長能力的人，並設下最後的改善期限，不得延誤。

訓練自己或是訓練部屬，雖然不是最急迫的事，但卻是領導者不斷自我突破的關鍵！

後記：

❶怕別人知道自己的不足，是許多主管共同的缺點。但每個人都有不足，面對不足的方法，不是隱藏掩飾，而是承認、面對、學習、改善，敢承認自己的不足，才是增強能力的開始。

❷主管的自我學習，要設定短、中、長期的工作需求。對現在工作中的不足，當然要立即補強；而對未來中長期可能需要的技能，則要有計畫的慢慢培養，因為有些技能、語言等，是無法速成學習的。

50. 定期保養，愛惜使用——領導者如何愛護部屬，維護團隊戰力？

團隊戰力不平均，有人負荷過重，有人優閒安逸，能力強的人過度使用，是主管最大的危機。小心使用團隊的戰力，避免竭澤而漁，主管要仔細思考。

在我創業最艱難的時候，幾乎隨時都處在倒閉邊緣，每天都危機四伏。這時候，不只我辛苦，我身邊最能幹的部屬比我還辛苦。因為只要有任何風吹草動，我都會把最能幹的部屬派出去，當然他們通常都沒讓我失望，多數能順利的替公司解決困難。

直到有一次，一個單位又發生困難，我又把這個問題單位交給我當時最能幹的部屬兼管。這位主管提醒我，他已經兼管了三個單位，再增加恐怕力不從心。我因求救無門，請他勉為其難接手。不過，悲劇緊接著就發生了，他手上的四個單位，其中三個都出現更大的問題，而他在心力交瘁之餘也生病了，我讓他休假半年養病，而公司也陷入更大的困境。

從此之後，我知道要愛惜公司重要的人才資產，也真正知道團隊的戰力要小心維護，一旦操兵過度，人才流失、團隊解體，對組織將產生無可彌補的傷害。

過度使用能幹的部屬，是組織中常見的現象。因為這樣做有一個好的藉口，就是讓能幹的部屬人盡其才，能有更大的舞台，一展所長。不過只要此例一開，通常就停不下來，能幹的部屬很可能就被過重的工作壓垮了！

三個單位是管理團隊的極限

因此當我有了前述經驗之後，我為能幹的部屬訂定了使用及保養原則：（一）直線主管管理的部門不超過三個單位；（二）不連續的派遣救急性的任務；（三）完成重大及艱困性的工作後，需有足夠的休養時間。

第一個原則指的是常態的工作分工，能幹的主管的管轄範圍可以從一單位擴張為兩單位，但最多同時管理三個單位，因為直線主管要為該部門負成敗責任，且要實際介入例行工作執行，三個單位是管理團隊的極限，不能超過。

第二個原則用在臨時性的救急派遣工作。這種狀況，通常受命的主管在對原有的工作負責外，再接受臨時性的任務。一方面時間緊急，一方面又多屬意外事故，精神負荷及實務工作都可能有極大的壓力。因此不讓能幹的部屬連續擔負這種艱苦的工作，是要讓他們不致操勞過度。

而第三個原則強調休養生息的時間，不連續性推動重大工作，而每完成一次重大任務之後，通常要有足夠的休息時間。在業務性的團隊，這個原則尤其重要，每次的重大業績競賽之後，總要讓團隊有喘息的時間，如果一年都繃緊神經，結果成績一定不佳。

領導者激發部屬及團隊的工作潛能，以挑戰更高的目標，這是不變的真理。但在每一次的急行軍之前、之後，都要有足夠的休養與準備，則是確保每一次挑戰高難度行動成功的要件。

領導者不只是要讓部屬及團隊擁有高昂的士氣，也要很精準的衡量團隊的體力與戰力，絕不可以在兵疲馬困之時，還採取困難的攻堅行動，這才是領導者的常勝之道。

後記：

❶「沒有績效，不如睡覺」是我常常告誡部屬的話，做任何事都要明確連動成果，沒有明確成果，或成果不可有效檢驗的事，都不輕易下手做，這是保持團隊戰力的方法。

❷因為保養，因為休養生息，才能隨時保持最大的攻擊力，長期兵疲馬困，組織是不健康的。

51. 你的小事，我的大事

有的主管口口聲聲說「We are family」，我們是一個團隊，但是主管真的重視部屬嗎？有沒有把部屬的小事當大事、當重要的事看待，那是指標，反映所有的真相。

很高興去參加一位老部屬的婚禮。因為和她現任公司的董事長、總經理都是老友，本以為可以碰面聊聊。沒想到一到現場，新娘子就要求我以長官身分代表致辭，因為她的兩位大老闆都沒來，我變成她最親近的長官，我當然欣然答應。

我不免好奇問她，為何董事長、總經理都沒到？不問還好，一問之下，這位個性開朗的新娘子立即眼眶泛紅，幽幽的說：「一位在國外趕不上，另一位你知道的，是個名士派，怎麼會參加我們這種小人物的婚禮！」

我自責莽撞，多此一問，但這實在出我意料之外。因為這位新娘子不但是獨當一面的部門主管，年年獲利，而且還是公司的創業元老；再加上新郎也在同一公司服務，也是高階主管，雙重關係，我完全沒想到他的兩位老闆竟然同時缺席，新娘子的傷心可以想像。

這件事，讓我回想起我的婚禮，當時我在台灣最大的保險公司服務。婚禮中孤零零的掛著一幅我太太單位主管的喜幛，寒酸而突兀。事後公司的同事問我，為何不申請公司董事長、總經理的喜幛？這是員工福利。那時我剛進公司，沒人告訴我可以這麼做，主管沒理我，我當然不會知道。但隨後不久，我就離開了這家全台最大的保險公司。

從基層做起的工作經驗，讓我深刻體會了小員工期待老闆關愛的心情，更瞭解被老闆忽視的哀怨。我相信員工的小事，就是我的大事。要關切員工福利的每一個小細節，這是主管該做的事。而婚喪這種員工的大事，更是我不能忽略的超級大事，因此不參加公司內高階主管的婚禮，我完全不能理解。

隨著組織變大，我知道我不再能關切到每一個人，因此我按組織層級規定：每一個主管都要參加下一層部屬的婚禮，而我則參加最高層主管的婚禮，如此一來，人人都被照顧到，公司對員工的關心，人人可體會。

這只是個例子，婚喪只是其中的表徵，主管真正的關心會來自許多小事，而且真正的關心會來自「用對方的心情去感受」，我最常想的一件事就是：部屬會怎麼想？他希望我去嗎？我不去他會怎樣呢？這是所謂的「將心比心」、同理心，我當部屬時，期待老闆怎麼對我，我就怎麼對待員工。

不幸的是，大多數的工作者喜歡揣摩上意，卻不願「用部屬的心情去感受」，以至於忽略了那些真正為你出生入死的部屬。這是典型的「對老闆是應聲蟲，對員工表現名士派」，當員工也對你耍性格時，公司的危機就出現了。

老闆不需要像民意代表一樣跑場子，但是建立起授權及層層的關心機制，就可以照顧到每一層員工的小事，每一層的主管各司其職，那就是一個有效的員工關係鏈，串起員工的心，也串起團結與向心力。

後記：

有心比形式重要：在生日時給個小卡片，這是每個主管都會做的事，可是當大家都做，而且說不定是由主管的祕書代勞時，這種關心就變成形式。因此在形式之外，如何表達主管真正的關心，那就是門大學問，有時候，不期而遇的一聲問候，說不定比物質、形式更有用。

52. 老闆的劫難：謀殺自己的團隊

要讓自己的團隊發揮潛力、挑戰不可能很難，但要讓自己的團隊喪失信心、懷憂喪志很容易。只要老闆三不五時批判部屬、否定部屬，團隊就解體了。

我就曾經是那個會「謀殺」自己的團隊的老闆，一句蓋棺論定的否定，就使我的所有優點消失無蹤。

一個專業知識很強、但管理能力不足的主管，常常抱怨他的團隊能力很差。有時候是當著他的團隊的面，公開批判部屬能力不足。他的部屬私下寫mail給我，看看我能不能做一些事。

我約這位主管吃飯，一方面肯定他的部門的表現（他的部門近年來確實表現不錯），一方面也瞭解他的說法。

他真的向我抱怨他的團隊能力不足，他告訴我：他的部門中有些主管都已做了很久，但面對外在變化多端的環境，這些主管要不太消極，要不就是抱殘守缺，不肯更新做法。

我問他：如果真是如此，那為什麼不換人？他回答：大家一起工作這麼久了，實在狠不下心來換人。可是他自己也承認：他忍不住時會當面批判部屬。

這是一個會「謀殺」自己團隊的主管。

我告訴這位主管：擔任主管超過六個月以上，就不能抱怨自己的團隊無能，因為團隊無能，就是自己無能。而當面責怪團隊是個無能的團隊，只會讓整個團隊士氣低迷，不再有工作動力。就算有能力，也不願全力以赴，因為老闆已經判了他們「死刑」，久而久之，整個團隊會真的笨到無以復加，是主管「謀殺」了自己的團隊。

其實這樣的主管還真不少，在我的部落格中，也有網友受不了主管的辱罵而離職，不離職也一直活在負面的陰影中。

會「謀殺」自己團隊的主管，通常有許多盲點，而最大的盲點就是對主管角色的認知錯誤，不知道部屬無能的癥結就在自己身上。

六個月是主管要為團隊負責的門檻，六個月以內，你是新接手的主管，團隊是前任主管留下來的。你要在六個月之內，弄清楚團隊的狀況，誰稱職、誰有問題。

六個月一到，你就要進行調整，讓好的人發揮所長，讓有問題的人向上提升，無法提升就要換人。

所以六個月之後，你還在抱怨團隊有問題，其實只是在證實你是個不稱職的主管罷了。這就是主管角色的認知錯誤。

其次，如果你像前面所提到的主管一樣，你是基於人情，對那些共事已久的同事不忍下手，那麼你也要有擔當，把所有的責任扛起來，而不是當面訴說部屬的不是。

做主管的，對部屬的錯誤，可以就事論事的糾正、要求，甚至疾言厲色，都是合理的範圍。但絕對不可以對部屬做蓋棺論定的指控，說他們能力差，說他們是不好的部屬，這樣只會打擊士氣，對整個團隊的調整改進一點助益也沒有。

主管一定要知道激勵原理，人是在被肯定、認同中學習成長，被肯定的人會更努力，會加速成長。而否定只會讓當事人活在黑暗中，自暴自棄是最可能的結果。

主管活在團隊中，要和部屬一同學習成長，千萬不要成為那個「謀殺」團隊的主管，這只證明了自己的無能。

後記：

❶「刀子口，豆腐心」的老闆最不值，因為不論老闆做了多少好事，一句傷人的話就可以讓部屬懷恨而去，做老闆的千萬不可逞一時口舌之快。

❷如果遇到會謀殺自己團隊的老闆，這時一定要先確認他只是說說而已呢？還是真的是非不明、好壞不分？如果只是口不擇言，並不是真的對自己有成見，那只要不理他就算了。但如果他真有錯誤的印象，那一定要找機會說清楚、講明白，讓他知道他的認知有錯。

❸如果真的遇到一個是非不明的老闆，嘗試說明也無法改變，就該考慮換個老闆。

53. 組織穩定的制衡之法：不團結就是力量

全世界如果只有一種聲音，或許這是和諧，但和諧可能代表一成不變，代表不會進步，甚至代表趨向腐化。

所以制衡（Check & Balance）原本就是世界的常態，主流價值的盛行，代表著非主流正在萌芽茁壯，瞭解組織中的制衡原理，也會瞭解人生的衝突、對抗之理。

公司內兩個單位吵起來，一個是IT採購管理部門，一個是公司內一家獨立的網路公司。吵架的原因是網路公司要購買大量的資訊設備，而IT管理部門負責採購管理；網路公司覺得IT部門官僚、刁難，而IT部門則覺得網路公司不尊重流程、破壞體制。經過幾次的爭議之後，兩個部門終於水火不容，戰爭爆發，我不得不介入協調。

不談協調過程，結果當然也可以想像，規則重新釐清，不正確的工作人員、態度都要排除，兩個單位又回到可以工作的狀態。

這件事剛開始我非常生氣，對我而言，這場戰爭是無聊且沒有必要的。因為兩個內勤單位，當然要協調合作，而不是對立吵架，所以兩個主管都遭遇我很大的責難，因為他們處置不當，才會令兩單位兵戎相見。

可是事情處理到一半，我的看法就改變了。這兩單位本來的角色就會吵架，甚至整個採購流程的設計，就是在於監督、在於查核，兩個單位互相監督理所當然。如果兩個單位魚水和諧，那才是怪事，更可能產生弊端。

我終於深刻體會Check & Balance的意義，整個採購流程的設計，主要來自採購的監督與效率，防弊是其主要考量，彼此立場對立，組織設計上就是要讓兩單位不團結，因為不團結，而產生力量，得到效率與效果。

這是組織上「不團結就是力量」的道理，每一個組織都有可能產生弊端，透過外部的稽核與管理，當然可以防弊，但外部稽核遙遠而不即時，在組織內設置內稽內控，產生內部監督，當然是有效的。

沒有歷經這一次爭議，我一向視組織內的矛盾與爭執為罪惡，極力去防止。但經此一事，我徹底體會「不團結就是力量」的道理。

我開始發揮「不團結就是力量」的工作思考：組織內一單位獨大是麻煩的，要設法培養第二個單位壯大，讓兩單位競爭。組織內一人獨大是麻煩的，要有接班計畫，要培養足以抗衡的人。我終於懂了許多工作者常常覺得他們在玩兩手遊戲，讓兩個部屬互相競爭、互相制衡，雖然這可能是內鬥、內耗，但卻是職場中最常見的現象。

「不團結就是力量」可以從組織設計與流程的規畫就產生制衡，這是近代企業經營的重要邏輯。還可以擴大到產品線的內部競爭，我就是信奉內部競爭的人，許多單位可能做相同的產品，我不給任何政策指導，讓強者從市場上勝出。

我還發覺「不團結就是力量」其實也是另一種專業主義，因為每一個工作、職位，都有專業、都有堅持。因此難免與其他單位產生爭執，而放棄專業，就可以妥協、和諧，但這是濫好人，不團結其實是組織的常態。

這一課我學得團隊和諧以外的另一種思考與力量。

後記：

❶ 一言堂是不好的，基因一致也是不好的，不同的聲音、不同的價值、不同的觀點，代表對抗、代表另類思考、代表「第二意見」（醫術用語，指不同醫生的說法），每個人都需要學會不能只有單向的想法，也要容許不同的意見，這是民主的真理，也是人生的真理。

❷ 我們的公司是個大集團，大集團強調「內稽內控」，強調制衡。作為一個高階主管，我曾經視內控單位為仇寇，視他們為擾局的單位，一直到我出了一些麻煩，而內控單位的「擾局」發生作用，我才認同制衡，我開始體會永續經營與制衡的關係。

❸ 一個人的自我平衡很重要，要積極，也要保守，要培養核心能力，也要有多元思考，這是一個人內部的「不團結就是力量」。

54. 面對變局的混血改變之法：先混血，再創新

環境不會一成不變，人生也不會永遠順遂，當面臨環境的轉折時，改變就是必然。問題是當事者有惰性，有固定的能力，在改變時，這些習以為常的習性，都會變成僵固的絆腳石，如何才能有效成功啓動改變呢？

這是一篇探討組織轉型的文章，描述了我們公司如何從傳統紙媒介走出來，迎向數位世界的過程。先混血，再創新，是關鍵方法。

每一個人面對改變，也要有混血的準備，要嘗試改變基因，才能在劇變中存活。

為了要把一個傳統的文化出版、內容生產公司，轉化為一個數位產業，四年前我就努力尋找對象，務必要先購併一家數位網路公司，要先從外部引進具有數位基因的團隊，才能啟動傳統紙媒介公司的組織改造。

我很幸運的買到一家非常優秀的公司——痞客邦（PIXNET），當時這家公司

只是幾個人的小公司，還處在車庫創業階段，但核心創辦人熱情洋溢、才氣縱橫，他們都是網路原生族，他們身上的數位基因正好可以補傳統文化出版之不足，由他們扮演領路人的角色，帶領我們進入數位新世界。

這三年來，我放手支持他們，讓痞客邦從幾個人，變成幾十個人的公司，要人給人、要錢給錢是基本原則，我要把他們所擁有的數位基因無限擴大，大到足以影響、改變我們原有的文化出版事業。

在痞客邦擴大的同時，我不斷創造各種機會，讓原有的文化出版團隊，能與痞客邦的數位團隊共同工作、互相學習。目的就在於讓「紙媒介」的工作基因與數位基因能混血融合，有助於我們公司啟動數位變革。

三年來，城邦集團的數位變革順利展開，每一個營運團隊都先後啟動各式各樣的數位營運試驗。過程中，痞客邦的人或扮演顧問、建議者、指導者，或扮演共同參與者。而在日常生活中，原有團隊與數位團隊也透過互動增加彼此的理解，讓隱藏的工作知識能互相交流。我們未來的組織及策略改造是否成功尚不得而知，但人才與基因的混血，工作方法實體與虛擬的混搭，讓我們跨出探索與創新的第一步。

為了集團營運的數位化，我不惜繞遠路，先去購併一家小公司，再花三年時間把這家公司做大，然後才正式啟動組織內的數位變革，是不是太過捨近求遠？

當然不是！因為我已有太多失敗的經驗，上個世紀末，當全世界瘋網路時，我們也做了非常多的網路新事業，但花了錢及時間後，幾乎全軍覆沒，我得到的教訓是，實體與虛擬差距太遠，靠工作者的自我學習、調整，無法達成創新與改造，所以引進不同的基因，從團隊成員的改造開始，才有機會完成組織的創新與改造。

以我自己為例，在我探索數位世界的過程中，如果不推翻許多平面媒體工作者的基本信念，根本不可能成功，因為許多基本原則南轅北轍、互相牴觸，我幾乎是徹底自我否定之後，才徹悟數位世界的邏輯，所以改造與創新最快的方法是換血、是換人。

可是組織不能輕易換血，因為每一個人都曾有過貢獻，不能用過即丟。所以不能換血，只好混血，引進新團隊、引進新成員、引進新基因，用比較漸進與緩和的方法進行組織改造，進而完成「破壞性的創新」。

如果你的組織，面臨歷史的、營運的及策略的拐點，而且你還有時間，先尋求基因的混血吧！

後記：

❶我所屬的城邦出版集團能不能在數位變局中存活尚不可知，但我們已經成功的啓動改變，每一個夥伴現在眼中閃著希望，他們已不像過去幾年一樣坐困愁城，我很樂意和他們一起摸著石頭過河。

❷人才、基因的多元而複雜，在變局中就更看到這項特質的重要。尤其面臨不連續的創新時，移植外部的人才、基因，就變成啓動改變的第一步。

❸所謂不連續的創新，指的是環境、技術、市場的結構性改變，迫使企業組織必須採取完全不一樣的應變作為，這時候原有的核心能力不只不夠用、不管用，甚至還會變成障礙。一般企業組織面臨的都是逐漸性的改變，只需在原有基礎上做延續性的創新即可。

55. 共識是團隊最寶貴的資產

一個人力量有限，要做大事，一定要有團隊，而組建團隊最重要的是要有共識，對領導者要有信賴。成功的人一定是領導者，一定要被信賴，並且一定要凝聚團隊共識，朝一致的方向邁進。

出版行業是個生意，賺錢是天經地義的事，但對大多數出版工作者而言，出版更是一種理想的實踐，帶著理想，出版對社會有價值、有意義的書，以教化萬民、改變社會。

長期以來，我的團隊就在「賺錢」與「理想實踐」這兩種出版理念之下，不斷衝突與擺盪。因為缺乏共識，我們的營運成果也跟著起伏變動，始終未能穩定。

作為一個決策領導者，雖然我也帶著理想在經營出版，但營運的現實讓我深知，團隊的財務如果不能健康穩定，這個組織就不可能存在；再加上團隊大多數工作者是從理想出發，所以我知道，我們不需要再強調理想，反而應該更強調生意的精打細算。因而，所有的工作者都認為我是為「生意」而做出版，賺錢是我經營出版的最高原則。

由於我這樣的認知，導致整個團隊內部的歧見更為嚴重，也使「生意」與「理想」的衝突更加深化。我知道，如果不能有效解決共識的不足，我的團隊永遠不能變成一個高效率、穩定經營的團隊。

建立共識的第一步，我需要重新建立大家對我的認知，並諒解我角色的為難。我以「生意人」自居，不在乎別人說我沒有理想；我以精準的「管理者」自居，不在乎別人說我「嚴苛」。但我很清楚，我的團隊不會願意追隨只有生意眼光的領導者；我更清楚，在講究創意的團隊中，他們不會認同嚴苛的「酷吏」，他們仍期待組織具有一定程度的合理與人性。

我嘗試讓他們知道，我也有理想，只是因為團隊中已經充斥了懷抱理想的工作者，一定要有人去扮演「生意人」的角色，所以「我不入地獄，誰入地獄」；我每天高喊生意的口號，只是要讓團隊在理想之外，加上生意的思考。有了生意，財務才能自主，公司才能健康，而「金錢」是實踐理想的籌碼，我們能賺到更多錢，才能讓理想實踐的空間變大、變廣。

至於管理，我強調管理是組織高效率營運的手段，也是所有人一起工作必須建立的規則。可是管理不外乎人性、不外乎合理、不外乎是非，更不外乎以完成團隊績效為目標。管理不是限制，更不是處罰，而是相互的理解與尊重，也是相互的磨合與配合。

我無意為自己的嚴厲脫罪，我只期待他們明白我當家的為難——我高喊生意，強調管理，是為了生存的不得不然。

當更多人開始瞭解我之後，組織的共識就慢慢形成。我們不只互相瞭解，更有機會一起共同探討「vision」、探討團隊的願景何在，我們希望往哪裡去；我們也有機會共同描述「mission」，明確定義現行工作的任務、定義彼此的工作範疇，這是我們應該進一步完成的共識。

我逐漸感受到共識完成的快感，團隊之間魚水和諧、默契十足，三言兩語之間，我們就能展開工作，就算有衝突，也在有共識的前提下，快速化解糾紛。

我充分體會到，共識是團隊最寶貴的資產，而領導者則是建立共識的關鍵角色。

後記：

❶領導者的品格、能力及領導魅力，決定團隊的規模；領導者心性的修練，是取得信賴的基礎。

❷團隊要先有信任，才能形成共識。策略方法上的歧異，不難透過溝通以完成共識，但信任薄弱，共識永遠難以達成。

56. 溝通、磨合、衝突、妥協

團隊中團結和諧是理想情境，但絕非常態，衝突才是組織的常態。習慣衝突、化解衝突、善用衝突，才能讓團隊有效運作。

為了推動一項測試中的新產品線，公司裡組織了一個任務編輯團隊，調集了各單位相關人員一起工作，負責人是一個資歷最完整的主管，我本以為事情不難推動，但進度卻停滯不前。

負責人向我求救，因為來自各單位的成員，各有本位、各持己見，經常為一些小事而爭論，而負責人因非他們的直屬主管，不方便太強勢介入，以至於無法同心協力展開工作。

我給了負責人八個字：溝通、磨合、衝突、妥協。來自四面八方的人，既無理解，也無默契，再加上共識不足，當然會有摩擦，這時候一定要先解決「人和」的問題，工作才能有所進展。

第一步是溝通，負責人要徹底與每一個團隊成員溝通，瞭解他們的專長、態度及習慣，並對任務的完成達成共識。同時也必須要求團隊成員之間互相溝通，試圖理解彼此。

第二步則是磨合，直接進入工作，從工作接觸的過程中，進一步互相適應。這時候就會真正瞭解彼此工作習慣的差異，這些差異就是衝突的來源。磨合就是要求大家互相容忍對方的工作方式，但也要調整自己的方式，因為在大家互相的容忍與自我修飾中，才會找到能一起工作的方法。互相適應、忍耐、尋求平衡，就是磨合。

第三步是讓衝突顯化，有些事是不可能只靠溝通與磨合就化為無形，這些觀念、原則與立場的歧異，並不容易調整，此時就要不怕衝突。一定要讓不易改變的歧異表面化，這就是衝突。

衝突表象的爭論、爭辯與僵持不下，有時候也難免用語稍重，形成高度緊張狀況，這時候，負責人就要全力協調進一步充分且深度的討論，以形成共識。最嚴重的狀況，就要動用負責人的裁決權，以要求團隊成員共同遵守。

第四步是妥協，亦即完成共識、互相徹底瞭解對方。其中的要素是：工作出現具體的進展，大家會發覺，合作才能完成工作，此時團隊氣氛會進入真正的平衡狀態。

這四個步驟又以「衝突」為最重要，衝突是讓核心歧異顯化，並進入處理狀況。一般主管害怕衝突，儘量隱藏問題，製造表面的和諧，這只會深化歧見，甚至製造更大的衝突。

不害怕衝突、積極面對衝突，甚至主動挑起歧異，並讓歧異進入可控制的衝突狀況，這些都是一個組織重新找到平衡與和諧的必要過程。

所謂可控制的衝突，就是有歧異被正視、被討論，有爭執但對事不對人，有摩擦但不傷筋動骨，最後要為歧異找到大家都「不滿意但可忍耐或接受」的共識。

團隊不可能永遠和諧，當任務改變、面臨挑戰，或新成員加入，組織都會進入不平衡狀況。成員要習慣在磨合、衝突中尋找新的妥協與平衡，主管更要有處理衝突的能力，才能打造有執行力的團隊。

後記：

❶形成團隊共識，雖然有四步驟，但關鍵只在「衝突」，因為問題來自歧見，化解歧見要先消除歧見所引起的衝突，讓衝突顯現，才能處理。因此，衝突是最關鍵的步驟。

❷衝突後的妥協，是尋找各方都能接受的方案，不先衝突，妥協不易達成。

第 4 章

主管的專業學

主管要完成公司賦予的任務、達成目標，
還要具備各種工作智慧、技巧，
在面對困境、困難時，
更要有耐性、要忍得住。

管理的小技巧與大方向

主管最重要的就是要完成公司賦予的任務、達成目標。除了需要具備本職上的專業技術之外，還要具備各種工作智慧、技巧。

這一章提供的是具體可用的實戰小技巧，如：「業績是如何決定？」這是主管被挑戰的課題，過多過少都不宜；要求團隊工作時，一次只能要求一件事，以免團隊混淆；如何得到團隊內的真相，許多問題不能只看表面，而主管如何透過自己的眼與耳，透徹團隊內部的潛在事實。

主管的工作還有更大的方向：訂定目標、掌握重點，面對困境、困難時，要有耐性、要忍得住。如何調整組織架構，讓團隊能分工明確，讓主管能靈台清明，這些都是本章探討的範圍。

57. 目標明確，績效掛帥

每天忙於工作的主管，絕對不是好主管。更重要的是設定部門目標、設定績效考核指標，讓所有的工作者知道要朝哪一個方向努力，怎麼做才能把工作做好。

有一次，我新接管一個單位，我要求主管給我一個完整的工作簡報，這個主管認真、巨細靡遺的仔細報告部門內所有的工作。聽完簡報後，我問主管：「你的工作目標是什麼？」主管回答：「完成公司交付的任務！」我又問：「公司交付的任務是什麼？」他開始有點疑惑，又把剛才的簡報內容簡單重複了一遍。我再問：「好，公司交付的任務就是這些，但你怎麼知道，你的部門做得好不好呢？」他開始答不上來，好像從來沒有想過這個問題！

一般而言，組織內的部門可以分成兩種性質：一種是帶有業務性質的單位，一種是不帶業務性質的單位。前者的績效考核通常與業績連動，業績高、績效好，很容易評量；而後者只有任務描述，這個部門要完成某一件事，或提供某一項服務，只要做了就好，由於沒有業績連動，因此比較缺乏明確的績效評估。這種單位，通常公司要編預算支出，又沒有收入，故稱為「成本中心」單位。

前面的案例，那位主管帶領的部門就是成本中心。而我的問題在於，我聽完簡報，我知道他們很認真做事，但我不知道他們的績效好不好，不知道我應該要肯定，還是要給予調整？

為所管理的部門設立明確的目標，以作為全部門共同努力的方向，是主管最重要的工作。在目標明確之後，還要再設定績效考核指標，作為日常工作成果的檢核標準，這也是主管進一步要完成的工作。

大多數自我學習成長、摸索中的創業型組織，連老闆本身都在學習，更不知道如何要求主管。因此，對每一個部門只有任務描述，只有部門間的工作分工，但是缺乏部門目標的設定，更不可能在目標之下，展開制定各項細微的績效考核指標（業務型單位除外，業務成果就是目標與指標）。

每一位新上任的主管，第一個要弄清楚的就是部門的任務是什麼？跟上、下游單位以及平行單位的分工如何？如何銜接合作？這其實是工作目標的一部分，也是大多數主管能做到的工作範圍。

但接下來，就要在任務描述之下，設定更明確而可檢查的目標與績效指標，比如：每月完成多少件工作？在什麼時候完成？每單位人力多少件（生產力）？每完成一件工作，耗用多少時間？多少資源？多少人力？

再接下來，你可以自己和自己比，上個月做一百件，這個月能否成長百分之十或百分之二十？也可以和同業比，當然這時候你需要去打聽同業的工作狀況，如果同業眾多，還可以找出高低值，比較自己單位的績效如何？當然，瞭解這些後，你還可以為部門設定最重要的績效考核指標，這就是ＫＰＩ。

每天忙於工作的主管，絕對不是好主管。更重要的是設定部門目標、設定績效考核指標，讓所有的工作者都知道要朝哪一個方向努力，知道怎麼做才是把工作做好，而不僅只是辛苦工作、努力工作！

後記：

❶ KPI（Key Performance Indicator）即關鍵績效指標。指對工作中影響工作結果的數據，列為檢查指標，長期觀察、檢討改進。

❷ 工作目標可以是重點工作控管，如團隊有五項任務，本週只強調一項，強調觀察改進。

❸ 找出可以量化的數據，是很重要的事。

❹ 工作目標要成為團隊成員說法一致、朗朗上口的明確共識。

58. 弱水三千，只取一瓢——領導者的捨棄律、焦點律與核心律

套用流行的管理理論，「弱水三千，只取一瓢」講的就是「培養核心競爭力」。就個人而言，就是讓自己可以擁有一種無人能及的專業，具有高度的競爭力；對組織來說，是團隊的核心能力與核心競爭力。除此之外，更是一種提醒，一次只做一件事，定出單一目標，找到最需處理的焦點，凡是與核心、焦點無關的事務，都必須要捨棄，不論那件事情有多麼誘人，也不論捨棄的過程有多麼困難！

從小我是一個好奇寶寶，對每一件新鮮事物都保持高度興趣。這種特質，讓我一生充滿驚奇，頗不寂寞，但也跌跌撞撞、困難重重。相對的，和我一起工作的團隊，也隨著我坐雲霄飛車般，波濤起伏、驚險萬狀。

我的好奇、我無所不在的探索、我的勇於嘗試新鮮事物，或許也是我的「企圖心」，我對工作或新事業太好的「胃口」，變成組織的大困難。有人私下稱我為

「過動兒」，形容我不斷開啟新路線，這好像還是友善而好聽的形容，難聽的說法是：「好大喜功、不自量力。」

問題是，我一向自行其是：「吾心信其可行，則雖移山填海之難，亦有成功之日。」因此「雖千萬人吾往矣！」再加上我的團隊一向是紀律嚴明、誓死達成任務，不能有任何怨言，縱容我為所欲為。但長期征戰的結果，難免師老兵疲，許多悲劇也就發生了。

我這個領導者，經常變成團隊的共同困難，有時候組織會傳達暗示的訊息：「何先生：請稍慢一些，我們需要休息。」這時候，我就會管理一下自己的欲望，捨棄一些非核心的事，讓組織團隊休養生息。

「弱水三千，只取一瓢」就變成我最重要的指導原則，重新思考什麼是公司的長期發展目標？什麼是組織的核心力量？什麼是目前的工作重點？什麼是我們長期的定位？重新找到核心、找到焦點，凡是與核心、焦點無關的事務，都必須要捨棄，不論那件事情有多麼的誘人，也不論捨棄的過程有多麼困難，一定不能讓自己失焦！

根據我自己的經驗，失焦的悲劇通常發生在兩種狀況：第一，新公司、新組織啟動之時；第二，組織在獲致結構性的巨大成就之後。

在我剛剛想創業的時候，我對什麼都有興趣，而就在我選定一個目標投入後，其實我的心情仍然不穩定：「吃在嘴裡，想在心裡、看在眼裡」，我懷疑我選擇投入的工作是不是對的？我覺得還有更好的可能。一直到我投入媒體工作，歷經了漫長的迷惑、探索與嘗試錯誤的過程，這足足有七年之久。

設立單一目標清楚應對

明確設定目標是態度，而目標一定要單一且簡單，可行則是重點。PChome集團創立時，我們鎖定的市場是IT媒體，我們更聚焦到IT的大眾學習，完全放棄進階與高端的IT學習市場。服務學電腦有困難的讀者是目標，並且進一步鎖定入門學習，因此最後PChome集團形成拆解專業知識，用簡單易懂的表述形式，讓完全外行的讀者能在無痛苦中學會專業知識與能力，這就是聚焦之後所形成的核心能力與競爭力。

我們要不斷地告誡編輯們，不要試圖展現你高深的電腦技術，因為入門的讀者不需要，但這個工作是困難的，大多數的編輯會覺得寫入門的文章沒學問、沒成就感，他們不時會偷偷的走到進階與高端，這時候如果主事者不能明察秋毫，那「入門學習」的目標就會失焦、就會模糊。

每次做一件事，先求穩再求好

失焦的第二種可能通常發生在組織有結構性的成就之後，例如：連續數年高成長、高獲利、成功上市、成功成為市場領先者等。

以我做出版為例：在成功推出暢銷書之後，通常伴隨著錯誤，因為成功使人驕傲，驕傲成就愚昧，愚昧就會令人深涉險境而不自知。而跨出核心領域、深入新領域，又通常是最明顯的錯誤。成功為失敗之母，旨哉斯言。

宏碁集團這個令我們尊敬的公司，他在九〇年代也曾歷經類似的狀況，成功上市之後，喊出的「龍騰計畫」氣派恢弘，但緊接而來的困境，與上市後的擴張與失焦絕對有關聯。

並不是說成功之後不能加碼擴張，而是所有的擴張行動是否仍然像創業時一樣小心謹慎，尤其不可原諒的是被成功沖昏頭，百花齊放、火力全開，同時展開多項新投資計畫，這才是成功之後的大忌。

捨重要、救緊急，從關鍵問題下手

「弱水三千，只取一瓢」，也可運用在日常工作與管理上。每當我感覺「四面楚歌」時，這代表所有的壞事都發生了，我要費心的地方太多了，時間根本不夠。這時「弱水三千，只取一瓢」就是我救命的方法，而具體的做法就是「抓大放小」，選擇最關鍵的問題下手。

我通常用「重要」與「緊急」兩指標衡量，全力應付又重要又緊急的事。把重要但不緊急的事放一旁，待危機過了之後再處理；而緊急但不重要的事，則是在火燒起來前，澆一盆水冷卻一下，但隨即又全力對付又重要又緊急的事。「捨重要、救緊急，全力對付又重要又緊急」，務期徹底解決，除惡務盡，這就是危急時的「弱水三千，只取一瓢」工作邏輯。

後記：

「弱水三千，只取一瓢」，是謙卑，也是自我設限。告訴自己，能力是慢慢成長的，你可以測試新領域，但你的組織、內部管理的擴張與調整，甚至領導者個人的管理能量，是不可能一夜之間倍數翻升，一次只做一件事，是較安全的做法，等到個人、組織、團隊都適應新的事業，格局擴大，站穩腳步，才能進一步擴張。

59. 掌握重點，抓大放小

主管的時間永遠不夠、精力永遠不足、事情永遠做不完。因此，我們要選擇結構上的重要，選擇成果上的最大。抓這樣的大事，無視麻煩吵鬧會吸引你注意的小事，主管才能找回自主權。

一個剛升上主管的小朋友向我抱怨：「事情怎麼會這麼多呢？我根本做不完！以往我只要把自己的事做好就好了，但現在我還要照顧其他人，這樣我遲早會累垮了！」

他的困難我非常清楚，因為這也曾經是我的痛苦。當我從一個能幹的工作者變成一個小主管時，我發覺一切都變了，我要應付老闆交代的任務，又要規劃小團隊的事，然後還要協調同事的糾紛，最後自己還有分內的事要做。我簡直要瘋了，主管不是人幹的！

但能怎麼辦呢？在生涯成長中，這是我們無法拒絕的事，升上主管是肯定、是機會、是成長，找到方法解決是唯一的可能。

一位老前輩告訴我，我要學習各種能力，但如果要解決「事情多」這件事，只要一種方法就夠了！他說的方法是：「抓大放小，掌握重點。」

他告訴我，表面上你有很多事，但你仔細分析，真正關鍵的事大概不會超過百分之二十；另外有百分之二十，大概是完全無關緊要的事；而另外的百分之六十，很可能是例行性工作，如果你一視同仁，想把所有的事全部做好，那是不可能的。

正確的方法是：全力對付關鍵性的百分之二十，適當控管例行的百分之六十，完全不理會無關緊要的百分之二十。

我照著老前輩的方法做，但立即出現困難。第一，很多無關緊要的事，並非可以完全不理，還是要應付；第二，關鍵而重要的事，可能是結構問題，無法快速解決，並且可能變成長期的工作；第三，例行的百分之六十，也不容易應付，不時會出現「意外災害」，讓你不知所措。

但因為我沒有別的方法可用，只好繼續堅持「抓大放小」的方法。不過幾個月後，成果慢慢顯現，無關緊要的事我能完全閉眼不見，因為就算出事也沒事；真正大事、要事，就要靠耐心徹底解構，從最基本做起；至於例行工作，我也開始檢討流程的合理性，嘗試改造工作方法，我會設法簡化工作，空出時間。

在應付了生澀的半年之後，我對重點工作的選擇有了更深的體會，我不只思考工作本身，而且開始思考重點工作背後的原因。舉例而言，某件事做不好，不只是因為工作本身難做，很可能是組織的成熟度不足，可能是團隊的人才組合不對，更可能是用人錯誤，我開始調整團隊成員，選好的人、用對的人，趕走不稱職的人。

學會「選擇」的學問才能找回自主權

這樣的進步，追本溯源，如果我陷在工作的泥沼中，每天案牘勞形團團轉，根本不能改變。而我決定選擇性放棄某些事之後，我才有時間空出來，真正做好重要的事，也才有時間思考結構改善。

選擇變成最大的學問，主管的時間永遠不夠、精力永遠不足。因此，時間與精力像是拍賣的，被最吵雜的事所占有；但我們不能任由麻煩事橫行，我們要選擇，選擇結構上的重要，選擇成果上的最大。抓這樣的大事，無視麻煩吵鬧會吸引你注意的小事，主管才能找回自主權。

後記：

❶抓大放小，背後隱藏了工作的做不完定律：工作永遠做不完，工作永遠超過組織所能負擔，人力永遠不足，就算人力增加，工作也會隨之增加。因此不能從人力配備上解決工作太多的問題，只能從工作方法去解決。

❷八十／二十原理，是管理學上重要的工作理論，也是抓大放小的學理依據，值得讀者仔細研究。

60.冷眼觀察，耐心傾聽——主管如何尋找真相、明辨是非？

「用眼看、用耳聽、用心想」，這是人人都知道的道理，但這還不夠，因為這可能只得到表象，如何得到更深的真相呢？冷眼看不經意的作為、現象，耐心聽無意中說出的話語，拼湊出隱在暗處的細節，聰明的主管，需要更細緻的尋找真相的方法。

一個知名的管理故事：一個空降而來的新主管，每一個人都在期待他的新人新政新改革，但這個新主管一個月沒動靜，兩個月沒動靜，三個月也沒動靜，於是所有人不再期待，以為他是一個「阿斗」，大家開始放鬆心情，原形畢露，沒想到半年之後，這位新主管看清楚了所有的真相，展開雷霆手段，大舉調動人事；問題人物不是發配邊疆，就是掃地出門，而努力工作者都受到重用。

這個故事說的是，主管要有耐性，要沉得住氣，要能夠穿透事實的表象、洞察表象背後的真相，才能夠做出正確的判斷，不會被假象所蒙蔽。

這個故事也說明了一件事：主管不是用手做事，是用腦思考，最常做的是判斷，最需要做的是正確的指令，而這些都需要正確的資訊、正確的真相，這時候「冷眼觀察，耐心傾聽」就是主管耳聰目明必備的能力。

冷眼觀察每一個人不經意的動作，無意識說的話，才是真正瞭解每一個人的方法。人無時無刻不在偽裝，所有有意識的作為，都會指向每一個人所想表達的方向，但這可能不是真相，這就好像說謊的人，真誠得讓你信以為真。注意每一個人舉手投足間，所不經意露出的內心真相，這是一門大學問。

冷眼觀察每一件事的來龍去脈，每一個微小的細節，嘗試去串起整個過程，還原整件事的真相。這是不在現場的主管常需要做的另一件事。而人與事就是主管所有的工作核心，從對人的瞭解，到對事的掌握，冷眼觀察都是不可或缺的手段。

光用眼睛看，只能得到一部分真相，還要用耳朵聽，才有機會瞭解全部。主管幾乎無時無刻不在聽別人說什麼，開會是在聽，溝通也在聽，透過傾聽，主管可以知道發生什麼事，也才能知道別人心裡想什麼。有時候，主管不只要聽一個人講，說不定還要聽許多人講同一件事，更可能的是，大家說的是同一件事，但每個人的描述都不一樣，這時候「耐心傾聽」就變成關鍵，不耐心，你聽不出些微的差異，聽不出矛盾；不耐心，你無法讓別人和盤托出，知無不言、言無不盡。

大多數主管對部屬說的話沒耐心，許多人聽不完部屬的陳述，就急著下指令，這是組織溝通斷層的開始，忍住性子，讓部屬把話說完，這是主管必要的風度。

一個聰明的主管永遠要知道如何找到「真相」，所有的「假象」都要經過檢驗後才會變成真相，而主管需要靠兩眼所見、兩耳所聽去綜合判斷，而冷眼與耐心就是主管必備的能力，因為這樣才有機會分辨行為、言語、表面背後的真相！

後記：

❶記者是真相搜尋者，數十年的記者生涯，讓我養成暗中追逐真相的習慣。用在職場上，想知道任何事易如反掌，但也因此看到許多沒有記者背景的主管，他們很容易被蒙蔽，因為判斷錯誤，備覺這種能力的重要。

❷追查真相，強調有心對無心。我是有心仔細觀察所有細節，你是無心做了一些行為、說了一些話，時間一長，這些無心的行為、話語，很容易拼湊出事實。

61.錙銖必較，一毛不拔——領導者必須學會的生意經

每個人都有兩種角色，代表自己可以好客大方，但代表公司、在生意上卻必須「錙銖必較，一毛不拔」。錙銖必較，是對金錢的精打細算；一毛不拔，則是用錢的態度。

一個高爾夫球友，平時交往出手大方，打球、吃飯搶著買單，我一直以為他是財富逼人、出手闊綽。直到有一次，我向他買一個他公司生產的小產品，沒想到他一點折扣都不給，我十分意外，也難免小小抱怨了一下。他卻理直氣壯的告訴我：「這是公司的生意，我不能揩公司的油，我們朋友往來互相請客，再大方都可以，但是生意買賣一毛錢都要收！」

我上了一堂非常重要的生意課，每一個人都有兩種角色，代表自己與代表公司，代表自己可以好客大方，但代表公司、在生意上卻必須「錙銖必較，一毛不拔」，這是每一個老闆、主管必須學會的習慣。

錙銖必較，指的是對金錢的精打細算。從最大的設定公司的生意模式：客戶在哪裡？做什麼生意？賺什麼錢？毛利高低？資金投入多寡？都要了然於胸，並謹慎的去完成。小到公司內的每一筆支出，成本結構如何？人事預算如何？例行支出如何？甚至到影印紙如何撙節使用？這也都要精算，每一分錢都不能浪費。

一毛不拔，指的則是用錢的態度。許多錢介於可花與不可花之間，更多的事，所需要花的錢，也介於可花多與花少之間。花錢還有「時間差」的問題，是必要花的錢，但是今天花、還是明天花？這些模糊的界面，需要的不只是計算，更需要態度。「一毛不拔」，指的是只要可商量，一概選擇「不要」、選擇「從少」、選擇「延後」，總之視錢流出為罪惡，視花多錢為無能，視立即付錢為沒效率，這就是一毛不拔的態度。

錙銖必較的簡單原則

或許有許多人像我一樣，視錢為身外之物，不喜計較，因此在代表公司時，也難免本性流露，但是這絕對是最大的「罪惡」。經過長期的體會之後，如果代表公司時，不「錙銖必較，一毛不拔」，輕的罪是疏忽不負責任，慷他人（公司）之慨；重的罪則是「未盡善良管理人之責任」，是背信、是圖利他人，這都是刑事上要坐牢的罪。

當我想通了這件事之後，我知道，只要當了主管、當了老闆，代表公司，就需要演那個精打細算、錙銖必較、一毛不拔的角色。我別無選擇，否則對不起股東、對不起員工、對不起所帶領的團隊。

「錙銖必較，一毛不拔」可以轉化為各種可遵守的簡單規則：（一）加減百分之五原則；（二）提前和延後原則；（三）替代方法原則。收入能不能加百分之五，支出能不能減百分之五，如果百分之五不行，百分之三能不能做到？收款及付款能否提前或延後，以創造現金流；第三項則是任何工作都要再想一想，有沒有任何替代方法能提高效率、增加收入、減少支出，不論這件事已經做過多少次，每一次都應該要再想一想能否再改善！

不過，這樣的生意經可用在工作、用在對外，但對工作團隊的薪資、待遇、福利，則不應有此態度，能多給就多給；但要注意到內部的公平，因為員工是家族的一分子，是投資！

後記：

❶我認識許多有錢人，越有錢越小氣，這是事實、是真理，他們變有錢，小氣是方法、是道理。而且他們的小氣不只是在公司經營，在個人花費上也極度計較，這讓我這個「窮人」（和他們比較起來）覺得慚愧，因為我太不計較、太隨性了。

❷有人認為「小錢有什麼好計較的」，這是最大的錯誤觀念，因為小錢守不住，大錢就不會來。

62. 天要下雨，娘要嫁人——領導者應有的耐性與修養

不論是一般工作者或企業負責人，不論你的職位有多高，你還是不能全然當家作主，都還有許多不合你意的事，你需要的是理解、耐性、妥協與修養。

在我做主管的歷程中，最痛苦的事情莫過於遇到一個笨老闆。從很多的案例中，你都可以證明，他是一個笨老闆，做了很多在你看來非常不聰明的決定，可是很不幸的，他又是你的老闆，他的決定權大於你，你無法改變，你無法修正，你只能痛心、只能忍耐、只能藉此修身養性……。

這種故事太多了。當我是小工作者時，常面臨小主管完全不食人間煙火的指令，我明知不可行，但也只好執行，結果當然是白忙一場。這時候我想，如果我是小主管就好了，就可以不要做這些「笨」事。問題是，當我升成小主管時，又發覺，頂頭上司還是一個笨老闆，我又繼續煎熬，我又期待升成大老闆，不要再繼續

執行笨老闆的決定。更不幸的是，當我升成大老闆時，情況依舊，我還是面臨職位更高的笨老闆、笨的董事長。於是我決定自己創業，以免再受笨老闆的鳥氣。

但事情仍沒解決，我面臨了「笨」的合作夥伴、「笨」的投資人、「笨」的董監事，似乎「笨」人不斷地跟著我！

我終於得到結論，他們並不是「笨」，他們只是與我的意見不一樣；而我自以為是聰明人，於是乎，他們就都變成我眼中的「笨老闆」。

結論不只如此，我更清楚深知，不論是工作者、小主管、大主管、CEO，或者是創業者、企業負責人，不論你的職位有多高，你還是不能全然當家作主，都還有許多不合你意的事，你需要的是理解、耐性、妥協與修養。

「天要下雨，娘要嫁人」這八個字變成我自我修練的格言。老天爺就是會下雨，不論你有多煩，你也只能忍耐；老媽要嫁人，不論你的感受如何，不論你有多尷尬，你也只能由她，說不動、管不着，培養耐性、修身養性、學會妥協，是唯一的方法。

身為主管，除非你是一個不稱職的主管，否則當家作主，對事情有主見、有看法、有判斷是必然的。主管的最大功能也就是獨當一面、負責任，組織仰賴的是你明智的抉擇、聰明的判斷；因此，如果有事情是你做不了主，甚至命令與你的判斷相違背時，主管的痛苦煎熬，絕對可以想像。

過去的我，在面對這種狀況時，就是把所有跟我想法不一樣的人「汙名化」，他們全都是「笨蛋」，然後把自己想像成懷才不遇、有志難伸的倒楣鬼；殊不知問題出在自己，出在自我高估，不知道去欣賞不同的意見、不同的態度與不同的思考模式。

能力是主管完成豐功偉績的關鍵要素，但是耐性、妥協與修養，則是主管面對逆境、困難、不如意、不順遂時，唯一可以依賴的藥方。「天要下雨，娘要嫁人」就是考驗、是當主管時培養耐性與修養的最佳體悟。

不管你有再大的能力、再高的抱負，當陰雨綿綿時，你只能等，只能忍。

後記：

❶出遊遇到好天氣，我們會戲說：「事前向老天爺預訂好的」，天氣如果要真能預訂，那天下就太平了。人生有太多的事，我們都無法規劃、無法預測，不如意事常十之八九，這本是人生常態。

可是在主管身上，我們就很難看到耐性，因為他們當家作主慣了、他們強渡關山慣了，他們也常化不可能為可能，以至於太強求、太勉強，一分鐘都不肯等。忘了你的權威吧，別和老天爺過不去。

❷挫折是另一種忍耐的考驗，絕對不可和挫折生氣，要習慣挫折三不五時就會來造訪你。

63. 一次只說（做）一件事

團隊是眾人的組合，能力高低不同，老闆太多的要求只會讓團隊混亂，無法徹底執行。推動任何事，只能一次說一件事，一次只能要求一件事、只做一件事，等到每一個人都心領神會之後，才能做第二件事。

有很長一段時間，我常為團隊的「笨」感到困擾，我交代的事，常常不能如期完成；許多的事，我經常一講再講，但還是有人會犯同樣的錯，到最後我不得不抓著他們的手，一步一步的追蹤，才能勉強完成，我甚至自怨自艾，怎麼會找到一群「笨」人呢？

直到有一次，我遇到一個知名企業的高級主管，談起他的老闆怎麼要求他們。他說：他的老闆意志非常堅定，想要做的事一定要做到，但他有一個好處，是「一次只要求一件事」，想做產品時，只談產品，反覆談，反覆要求，方向明確，一直要確定大家都知道怎麼做，並能如期、而且按照他的要求完成時，他才會放手。然後再要求下一件事，因此他們能完全按照老闆的進度，一步步的完成公司的目標。

聽完這些話，我宛如當頭棒喝！原來不是我的團隊「笨」，而是我不會當老闆、不會訓練、不會要求，再加上心浮氣躁，急切的想完成所有的事，經常同時交代了太多的事，設定了太多的目標，凡事匆忙，以至於所有的人隨著我複雜的指令團團轉，最後一件事也沒做好，我竟然無知的認為自己的團隊「笨」！

我開始嘗試「一次只說一件事，一次只要求一件事」，剛開始，我難免還是急切的把兩、三件事情，歸納成一件事，以加快進度，但效果不佳，最後我不得不耐住性子的再拆解成更細、更單純的「一件事」，效果就變好了，團隊慢，但跟得上我的腳步，我的要求也逐漸能貫徹！

「一次只說一件事」，用在訓練人時，效果尤其顯著；當目標明確、流程簡單時，就算是新人，也往往很容易完成你的要求。我發覺每一個人的學習，若處在過多的要求，會使人處在高度的緊張狀況，反而做不好事。因此一次只做一件事，只做一件簡單的事，是極重要的訓練方法。

而且在每一次他們完成一件事時，要給予正面、明確的肯定，更是所有工作者最重要的激勵要素，當他們可以一件件完成工作，一步步學習各種技巧，組織團隊的默契也慢慢養成。

這其中只有一件事要克服，那就是老闆的個性，及限期完成工作的壓力。我就是那個「急驚風」的老闆，說風就是雨，一切以速度取勝，我難以忍受「慢慢來」的節奏，但是後來我終於認知，如果沒有訓練有素、魚水和諧的團隊，所有的「急」都只會變成災難。因此在訓練團隊、訓練新人時，我不斷的告訴我自己：「一次只說一件事」，不能急，慢慢來。

至於當主管面臨限期完成的壓力時，而你的團隊又不夠成熟，該怎麼辦？結論還是一樣，你不能讓不成熟的人負擔他擔負不了的責任，你也一樣不能讓你的團隊承受他們能力以外的事，切割出他們可以做的事，還是「一次只要求一件事」，至於完成不了的事，只有主管自己用智慧、用創意去「草船借箭」了！

後記：

❶聰明的主管往往是團隊的災難，因為他的反應快、學習快，同時做許多事，可能也應付自如，但團隊做不到，要求太多的事，結果什麼也做不到。

❷只做一件事，是另一種簡單，簡單是團隊制勝的關鍵。

64. 業績是怎麼決定的？——目標要「算」也要「喊」

編預算、算成本、設目標，是主管必須學會的工作方法。問題是目標如何設定？訂高了做不到，訂低了沒想像，表示自己能力不足。如何訂出合理又具有挑戰性的目標，「算」與「喊」都需要。

每年到了預算編列季節，公司裡免不了充滿各式各樣的商議喊價、計算、爭辯過程。預算、業績、獲利目標到底應該如何訂定，又變成大家討論的熱門題目。

我回想起剛創業時，最混亂、最辛苦的那一年。一個部門的主管報出來的業績和獲利，完全背離我能接受的底線。這樣說其實並不精準，這個主管絕對不是不稱職的主管，反而是我手中比較好的主管，但為何又會遠離我能接受的底線呢？原因無他，我的預算及業績想像，是根據公司要達成損益平衡的需求來的，達不成那個目標，公司就要繼續虧錢，我根本不能考慮部門主管做得到、做不到，反正就是一定要接受我心中所想的目標。

那位主管重提了幾次預算計畫，但無論如何都不是我想要的目標。我知道，我的預算，以他的能力是做不到的。理論上我該換掉他，但我不能。換了他，我沒把握能找到更好的人，在不得已的狀況下，我採取了最艱難的做法：我教他一套全新的工作方法，然後用這套工作方法下去重新編預算。我幾乎是抓著他的手，替他做完預算及第二年的工作計畫。

在做完計畫的時候，他還提醒我：何先生，這計畫是你做的，我可沒把握能完成這樣的目標。我回答他：你放心！我會和你一起完成，也會和你一起負責。

其後的一年，我和他一起探索一套全新的工作方法，我們一起學習、一起成長，很幸運的，我們也一起完成那個看起來幾乎是不可能的預算目標。

回想這段往事，我要說的是，公司的預算及目標訂定，其實有各種複雜的情境，沒有一套絕對合理的標準做法。

預算目標可以是合理計算出來的。如果你的公司穩定、組織架構健全，那每年的預算目標可以參考前幾年的結果，再加上未來一年的環境預判，訂出一個合理的目標。大多數的公司可能是用這種方法訂定預算。

預算目標也可以是雄才大略的老闆，喊出來的一個「不可能的任務」。這完全不是合理的想像，但我們也看到許多高成長公司，用想像、用決心、用毅力、用全公司的團結一致，最後也完成這種「喊」出來的不可能的任務。

當然也還有前面所說的狀況，處境艱難的公司，前途茫茫、無路可走，目標不只是目標，目標也是公司存活的唯一可能。那個時候，不管目標合不合理，所有的工作者只能相信目標會完成，一路勇往直前。走出路來，公司才會存在，個人才有前途。

或許我該這麼說，如果你有機會和公司討論明年的預算與業績目標，我該恭喜你，因為你的公司營運還算正常，才會和你「合理」的討論。而且我要這樣說：合理的預算目標，對公司的營運一定是過低而無效率的。訂一個較諸合理而更高一點難度的目標，才是一個有想像力的經理人該做的事。

後記：

❶我在保險公司工作過，他們的業績目標一向是「喊」出來的，董事長訂出的目標是一億，總經理加兩成，變成一億兩千萬下達給營運單位；營運主管再加兩成下達給各營業單位，變成一億四千萬；營業單位主管再加兩成下達給各業務員，末端業務員得到的一定是個極具挑戰性的數字。

❷生產單位的營運目標，因為涉及產能彈性較少，通常目標是算出來的，但有些KPI也可以喊出一個具挑戰性的數字。

65. 喝茶、看報是主管該做的事

把所有的例行工作全部分派給同事，而主管本身只負責協調、溝通、應付緊急的狀況，平時有空喝茶看報，這是主管的理想情境。

這個標題看起來頗另類，相信大多數組織中的主管都不是這樣，而大多數身為部屬的人，如果你的主管平日喝茶看報，無所事事，你一定會群起而攻之。

其實這說的是一個理想的組織環境，一個熟練而能幹的主管，以及一群訓練有素、團隊功能良好、向心力強的部屬，這樣的團隊一切都井然有序，完成任務，主管不喝茶、看報要做什麼？

只可惜，相信大部分的台灣企業組織都不是如此，強的是主管，弱的是部屬，亂的是組織。而一旦能力強的主管，花了很多時間把部屬訓練好了，把團隊作業能力凝聚了，也把組織績效提升了，很快的，他就會升遷到另一個更高的職位，又開始了另一個暗無天日的混亂階段，「彼得原理」的魔咒永遠跟隨著他。

這裡要談的不是「彼得原理」，也不是組織管理，而是主管，主管是什麼？主管該做什麼?什麼樣的主管是好主管?

這是我最常遭遇的問題,一個小公司,通常是把一個在某種專業領域有好成績的工作者晉升為主管,他擁有專業技術,可是沒有管人的經驗,也未必有好的部屬、好的團隊,往往一升上主管之後,就是悲劇的開始。

這時候,「喝茶、看報」就是檢查主管的標準,如果一個主管每天忙得像狗一樣,連「喝茶、看報」的時間都沒有,他肯定不會是好主管。

主管該做的第一件事是團隊管理,也就是讓每一個人各安其位,努力做事,並且能協調合作,完成公司所賦予的任務。相對的錯誤,就是自己努力做事,而部屬卻無所事事,甚至「濫好人」似的把部屬寵上天,一個嬌生慣養的團隊,是絕對不能打仗的。

主管該做的第二件事是設計流程、建立制度、訓練部屬、累積知識與經驗。你所接的單位,可能已經不錯,那是你祖上積德;也可能混亂不堪,這是常態,這就是考驗主管能力的時候。

如何重新設計流程、改善制度,讓團隊達成最高的效率,決定了你是一個傑出或平庸的主管,也決定了部屬對你尊敬的程度。

當然，喝茶看報的境界，不會在你一上任主管時就來臨。通常主管要經過半年到一年的調整磨合，當整個團隊都訓練有素、分工明確，目標清楚之後，那主管才有機會喝茶看報。

如果面對的是一個體質不健全、公司營運環境不佳的團隊時，那喝茶看報的境界恐怕要更長的時間，如果主管沒能力創新工作方法，徹底打敗外在環境，這種理想的境界恐怕永遠也不會出現。

後記：

每個主管上任都可能是出任艱鉅，有能力者突破困難，沒能力者被困難打敗。

喝茶看報是個指標，可衡量團隊及主管的處境。

66. 管理不確定的解惑之法：拒絕不確定的答案——把不確定變成確定

人的一生都活在不確定中，不確定未來會如何？不確定先生、老婆是否可以依賴？不確定景氣是否會好轉？不確定新產品會不會成功？不確定預算目標會不會達成？

人每天都活在「不確定」中，同事承諾的事，今天會不會做到？明天會不會下雨，戶外的記者會如何應變？老闆今天會不會有新的主意讓我們無所適從？

這是處理不確定的方法，透過這種方法不見得能解決所有的不確定，但有許多不確定會迎刃而解，讓你成為傑出的工作者。

為了創辦一個新事業，我的工作團隊開了無數次的會議，他們邀請我參加最後一次的定案會議，在會中他們做了非常周延的報告，當然也提出了前三年的財務試算，看起來是不錯的生意，除了第一年小賠之外，第二年以後，營運就步入正軌。

他們要求我給予意見，我只問了一個關鍵問題：看起來你們設定了一個相當具有挑戰的目標，請問你們能達成目標嗎？

新事業的負責人是一個年輕的主管，第一次擔當這麼巨大的任務，他戰戰兢兢的回答：不管目標有多困難，我們都會盡全力去完成。

這是我最不喜歡的答案，雖然代表了他們的決心，但我得到了一個不確定的答案，一個他們不回答我都知道的答案，而我要的是一個確定的答案，一個讓我能正確估測結果的答案，當然這個答案也不是自我陶醉式的肯定答案。

我繼續追問，你們有把握百分之百完成目標嗎？他們回答：沒有，所以只能說盡力。

我繼續問：那請告訴我，按目標完成的機率有多高？

這位主管遲疑了許久說：大約百分之五十。我接著問：這個成功的機率太低了，這樣不行，有什麼方法能讓成功的機率提到百分之八十以上？

這位主管與他的團隊溝通後，回答我：如果預算目標降低百分之二十，那他們達標的成功率就會提升到百分之八十以上。

我再問：那什麼樣的目標，你們有把握百分之百完成？他們回答我：如果預算目標降為百分之五十，他們有絕對的把握完成。

問到這裡，我終於得到所有「肯定而正確」的答案，在這個肯定而正確的答案基礎上，我讓他們重新做計畫、重新設想工作方法、重新設想計畫目標，我要的是一個不是只有一廂情願的信念的計畫，我要的是一個肯定而正確的答案。

我曾經被「不確定」迷惑了很久的時間，這包括我自己的不確定：我不知道市場有多大，我不知道這件事有多困難，我不知道自己能否完成任務。也包括別人給我的不確定：我盡力幫你完成這件事，我儘量準時交給你，我儘量達成目標……，所有的不確定，都使我陷入迷惑、陷入困擾、陷入危機。

所以管理「不確定」一直是我必須解決的問題，而部屬給我的不確定，又是作為一個領導者最常遇到的問題。

解決的方法也很簡單，首先我不接受任何不確定的答案，因為不確定的答案不只沒意義，還會導致錯誤的判斷。其次，遇到不確定的答案，我就要轉換問話方式，一直到得到相對確定的答案為止。前述的例子，「盡力達成目標」，全無參考價值，「達成目標的機率是百分之五十」與「目標降百分之五十，就有百分之百的完全把握」，這兩個答案清楚說明了工作者內心的情境，也提供了解決問題的具體方法。

遇到任何不確定的情境、說法與回答，絕不可就此滿足，這是確保工作結果與提高工作績效的方法。

後記：

❶許多事真是永遠無法確定：如天氣、景氣、運氣等，這些事無法改變，只能預為應變措施。所以處理「不確定」的方法，首先就是要分辨哪些是真正無法改變的「不確定」。

❷大多數的不確定是因為複雜、是因為不知道確切的結果，這些不確定其實是可以處理的確定。例如，你的單位過去每年賺一千萬，明年讓你賺一千五百萬，你不確定會完成，但如果讓你賺六百萬（六折），你很可能就確定能完成，所以「不確定」只要換一下前提假設，可能就變成確定。

❸「不確定」通常是在一些模糊的中間地帶，我們可以透過不斷深入問題的核心，把不確定的情境，鎖在一個比較小的範圍內，就可以使風險變小。

❹承前例，不確定是個大數目（一千五百萬），但如果把一千五百萬，分成六百萬、四百萬、五百萬，那六百萬是確定，四百萬是相較有把握的，而五百萬具有挑戰，所以應用百分之二十的力量完成確定的六百萬及有把握的四百萬，然後把所有的力量放在無把握的五百萬上，那預算完成的不確定就最小了。

❺透過不斷的拒絕不確定，並不斷的變換命題、變換方法，絕對可以把不確定變小，甚至變成確定。

67. 萬無一失的預測方法：高估支出、低估收入試算法

每一個人的個性會反映在工作計畫上，樂觀的人覺得所有的計畫都可行，悲觀的人反之，這都不是常態。如何在做計畫預測時，就真實反映現實，並準確的預估成果，這一篇提供了萬無一失的計畫規劃及預測法。

二十年前創業時，總是出現資金不足、一再增資的狀況，後來雖然都能夠順利度過難關，但難免驚險萬狀。事前的計畫一定隱藏了重大缺失，否則不會出現如此巨大的落差。

為了抓出問題的癥結，我仔細檢查了幾次創業計畫與實際執行的過程，我發現我在事前規劃時，往往低估了支出面的成本與費用，而高估了收入，這一來一往的差異，使整個創業計畫中的毛利變好了，單月平損的時間點提前了，累積總虧損的金額也變小了。總之，因為這種估測心態上的差異，美化了創業計畫，也使我的創業執行經常捉襟見肘、困難重重。

我再進一步分析：為什麼我會如此浪漫，高估收入、低估成本，做出完全不切實際的計畫？

我發覺，我的樂觀、積極進取害事，因為我對新事物、新事業有興趣，面對新事業總是樂觀以待，期待做更多的事，所以「浪漫」的想做出一個可行的計畫，以說服我自己採取行動，結果就出現計畫與現實的巨大落差。

發覺這個問題後，我把心態更正為務必精準，所有的預測數字一定要一再檢查、反覆推估，希望計畫與執行能一致，這就接近了預算編定的精準原則。

可是事後檢驗，精準仍然不夠，執行與計畫還是有落差，當逆向的落差出現時，我還是面對極大的危機。我開始思索如何做出萬無一失的計畫，以確保公司經營的穩定。

我開始設想最壞的情況，如果連最壞的狀況都能處理，那不就萬無一失了？我決定用最悲觀的心態試算財務，這就是我現在奉行不渝的反向高低估財務試算法。

我把所有的收入面都假設為最壞的狀況，如遇見SARS、遇見九二一大地震，生意降到最低；其次我把所有的支出面，不論是成本或費用，我也盡可能從高試算。

用這種逆向高低估法，通常我們會得到一個不可行的計畫，要不是毛利低到不行，就是前期虧損極大，或者單月平損遙遙無期。

真正的考驗這時才開始，因為我並不是故意要做一個不可行的計畫，接下來我傾全力去解決這些最壞的狀況。從組織結構的改組，經營策略的調整，到成本費用的降低，到擴大生意。

如果我的努力得到可以讓我自己滿意的答案，我可以控制最壞的狀況，並且進一步改變最壞的狀況，並從財務試算中，得到我可以接受的毛利率，或者獲利可期，這時我才會真正把計畫變成行動，才真正得到一個萬無一失的計畫。

這就是我在做計畫時，所歷經的三個階段：從浪漫，到精準，到極嚴苛的財務試算法，如果我在所有收入低估、所有支出都高估的狀況下，還能確保一個可獲利的生意模式，那這個生意絕對是個沒風險的好生意。

後記：

❶一樣米養百樣人，有人進取、有人保守；有人樂觀、有人悲觀。同一個人也會因情境不同，出現不同的反應。年輕的我急著創

業，看任何事都積極期待；年長的我深知世情，看任何事都審慎保守。所以做計畫之前，先分析自己的性格，先評估自己的情境，然後才能平衡一下自己可能陷入的盲點。

❷高估支出、低估收入，其實只在留給自己容錯及預留應變的空間，讓不論任何意外發生都可以猶有餘裕，不致立即捉襟見肘。

❸這種高低估法不只用在財務試算，也可以用在各種情境分析，對所有的變數予以加權或減權，加重正、逆向的變數，或減輕正、逆向的變數，其目的只在得出一個區間，這個區間都有可能發生，我們對這個區間的所有結果，都要有把握應變、處理。

❹高低估試算法一定不準，因為我們是帶著過度保守的偏見在做計畫，但好處是只要能通過這種方法檢驗的計畫，幾乎是萬無一失。

68. 學習當「壞人」

領導者是執法者，執法者要是非分明，不能是濫好人。因此，領導者必要時一定要演「壞人」角色，要拒絕團隊不合理的期待，要規範失職者，學會當「壞人」是主管的必經之路。

一個主管來問我，他的單位最近非常辛苦，可不可以辦一個小型的員工旅遊，以鼓舞大家的士氣，不會花太多錢。

我問他：除了工作辛苦之外，工作上有具體的進展嗎？「沒有明確的進展，只是有同事向我反映，應該用旅遊來鼓舞士氣。」他如此回答。

我建議他，先暫緩，等工作上做出一些成果，就算是小成果也好，以有成果為名，來辦員工旅遊，才師出有名。

對具體成果提出獎勵，這一向是我的原則，我也知道他們真的辛苦，我只是不能同意以辛苦為名給予獎勵。

沒想到，事後我得到的訊息是，他告訴同仁，我不同意他們的旅遊方案，而員工的延伸解釋是：我是個苛刻的老闆。

我不在乎自己是不是個苛刻的老闆，嚴厲本來就是我的個性；我也不在乎主管以我為理由，以對抗員工不合宜的期待。只不過對這位主管的處理方式，我有話要說。

這個主管是個認真負責的主管，唯一的缺點就是人太好了，好到沒有人怕他，也好到對員工所有的要求是有求必應，就算其中有些未必合理，但他總是想盡辦法完成，因而做得非常辛苦。我已經一再告誡他，要學習當「壞人」，學會拒絕團隊不合理的要求。

我本以為這次他應該可以理直氣壯的拒絕，不需要再以我為擋箭牌。因為對成果給獎勵，一向是公司的政策，而且我也替他預留了一個後路，就算是小成果也可以給獎勵。所以他大可以承諾，暫時不辦，等大家努力做出一些成果再來舉辦，而不是簡單的用我的命令來拒絕大家。

學習當壞人，是主管重要的歷程，順應民情、討好團隊，是人人都會做，而且喜歡做的事。但是當壞人，做團隊不喜歡的事、拒絕團隊不正確的期待，就不是人人能應付裕如。

我最害怕「水乳交融」、「一團和氣」的團隊，這種團隊如果不是因為共識與團結而凝聚在一起，而是因為一個只會取悅大家、不懂得拒絕、不敢拒絕的主管，所形成的表面和諧，最後都會有大麻煩。

主管的壞人角色分成兩部分，一部分是「被動的」壞人，就是拒絕員工不合理的要求。另一部分是「主動的」壞人，對員工不正確的行為，給予糾正、規範或懲罰。而拒絕不正確的要求，就是當壞人的第一步。

剛開始時，拿上層主管做擋箭牌無妨，但不能永遠如此，因為敢承擔下來「Say no!」，是一個主管建立自己權威的開始，也是一個主管真正當家作主的起點；學會拒絕之後，才能進一步糾正、規範或處罰員工。

學會當壞人，並不一定要主管疾言厲色，我們可以平靜、理性的拒絕，說理及糾正員工，說一不二，不可以打任何折扣，做一個理性但堅決的壞人。

後記：

❶濫好人主管的團隊，一定有表面和諧的假象，因為所有的問題都被隱藏，所有的錯誤也被容忍，表面一團和氣，但不稱職者依然故我，努力者有志難伸。

❷主管當「壞人」，只是角色扮演的必然，而不是與團隊成員為敵，態度上哀矜勿喜，十分重要。

69. 賺錢都算你們的！

員工領薪水，理所當然，但如果賺錢都給員工，就不合常理。可是在整理公司的過程中，非常時期有非常手段，有時候，大膽而有創意的做法，也可收奇效。

我曾聽到一個整理問題團隊的經典案例：

一個老闆為了一個長期虧損的單位感到十分困擾，老闆希望這個單位多做一些事，以增加營收，他們雖做了，卻做不到位，成果也當然不佳。老闆不得已，反過來要求他們減少人力、降低費用，這個單位主管抵死反對，認為這樣做是飲鴆止渴。最後老闆沒辦法，出了一個絕招，他告訴主管，決定解散這個單位，不再無限制支持。主管很傷心，希望老闆再給一次機會。老闆說：那再給你們一年時間改善，如果再虧損，就解散。但他也加了一層獎勵：「一年後，如果賺錢，都算你們的。」

這個主管不得已接受，接著就看整個團隊展開了為期一年的神奇之旅。

這個主管自動針對團隊的人事做調整，裁減了部分人力，然後要求一個人當兩個人用，團隊在解散的壓力及賺錢可分錢的獎勵下，每個人都身先士卒。一年之後，這個單位不但不虧損，還賺了些錢，整個團隊高高興興分了紅。

第二年，老闆繼續比照辦理，但給公司留下一些利潤，其餘仍歸團隊分紅。結果第二年比第一年更好，問題團隊消弭於無形。

這個故事提供了不同層次的管理思考。最表面的層次是：人性會被財富所激勵，每個人都可以為錢效力。因為「賺了都算你們的」，所以人人都拚命，這個邏輯簡單而明白，但人都是這麼現實，而激勵的方法真的唯錢是問嗎？

答案是否定的。這個老闆告訴我，在這個單位長期虧損時，他也曾提出更大更重的獎勵措施，但工作團隊完全不為所動，因為團隊認為這是吃不到的糖，不虧損都做不到了，怎能指望賺錢拿獎金？

所以，不是有錢就能激發工作者的潛力。

進一步的管理思考是：把團隊逼到絕境，會激發團隊的潛力，進而促使他們找到突圍的方法。

這個答案對嗎？有幾分道理，過去老闆要他們裁減人力、降低費用……，但做不到。但在團隊可能解散的壓力下，部分人失業，總比大家一起失業好，所以過去做不到的事，現在都可以做了。絕境的壓力，讓團隊做出選擇。

更深層的管理思考則是：自主的團隊會有最大的力量，這才是我最認同的答案。真正當家作主的其實是老闆，整個團隊是聽老闆之命工作，賺錢或虧損，都是老闆負全責，工作者只是螺絲釘而已，而因循現狀、拒絕改變，又是工作者天生的慣性，所以一切調整都很困難。

而當老闆給他們最後一年的嘗試，老闆把團隊的命運交到團隊手上，他們就真正當家作主了，每個人要為自己的未來負責。工作從公司的工作變成了自己的工作；聽命辦事變成自主抉擇，這才會激發出人類最大的潛力。

身為老闆者，必須理解壓力與利誘之外的深層意識。

後記：

❶賺錢都歸員工，這當然是非常手段，僅適用於特殊情境，不可常用，只能慎用。

❷這個例子可以看出，員工自主、自發力量的可怕，如果能有效激發員工潛力，經常可收奇效。

70. 三千元以上，總經理親批

管理可以很簡單，即使是一個微小的措施，只要是針對現況的缺失進行修正，就是有效的作為。「三千元以上，總經理親批」就是領導團隊極經典的案例。

一個民營企業家接手了一家國營事業，立即下了一個指示：三千元以上的支出，一律報總經理核准。把原有的核決權限LOA（Level of Authority）全部暫時擱置，他鉅細靡遺的過濾每一筆支出。一年之後，公司的費用大幅減少了百分之三十，讓這家原本每年虧損上億元的公司，在一年多之後就接近了損益兩平。

聽到這個故事，我得到深刻的啟發，原來改造老公司是如此的簡單，只要改變公司用錢的態度就可以了。

這個企業家告訴我，當他下這個指令時，所有的主管都反彈，質疑總經理有這麼多時間瞭解所有的細節嗎？也質疑核決權限被取消了，各階級主管如何能負責呢？更質疑總經理管這麼小的事，會不會延誤決策時效呢？

這位總經理淡淡的答覆，他只是剛到任不瞭解狀況，要透過這種方式，徹底瞭解實務，而且他一定在最快的時間內批覆公文，絕不會耽誤時效。

就這樣，他徹底控制了每一項支出，只要他認為不合理的，一概把承辦人及各層主管找來仔細溝通，能停止的支出，立即停止；不能停止的支出，這次先付，但下不為例。並同時為未來類似的花費訂定嚴格的審核標準，要大家一體遵行。

整個公司全被他這個不合「常理」的作為驚動了，私底下抱怨驚天。

控制完費用之後，這位總經理開始檢討每一項成本，從人員的合理與效率，採購、進貨的比價，到工作、製程的有效與否，逐一檢討。就這樣，產品沒變、生意模式沒變，但公司的支出大幅下降，達到減虧的目的，公司開始進入健康的良性運作。

浪費、不負責、無效率，當然是公務機關與國營事業的特色，這個老闆接手的國營事業有很豐富的資產，過去也有很好的商譽，也獲利良好，只不過當環境改變，生意逆轉，但整個組織大手大腳的花錢方式不變，當然難逃虧損。而三千元以上支出報總經理親批，這麼簡單的方法，就讓一個老化的公司重生。

其實對一般民營企業而言，浪費與無效率的劇情雖然沒有國營事業嚴重，但只要是老公司、大公司也都有類似的狀況，所以新上任的主管如果想有所作為，親批所有細微的支出，會是有效的方法。

民營企業雖然也追逐效率，但效率僅止於制定控管通則，一旦有例可循，就援例辦理，而通則通常是中間偏高的合理值才能適用，對於一些可以更有效率的細節，就不會太仔細追究。

長此以往，整個組織就會越來越沒效率、越來越浪費，所以只要是大公司、老公司，都有隱藏的無效率與浪費，因此管理者只要有心，都有可能改善。

每一個經營者，在一段期間之後，都應重新檢視組織的效率與成本控制。

後記：

❶領導沒有一成不變的真理，管理也要因時因地制宜，只要針對問題，提出有效的解決方案，就可能有突破。

❷突破的方法，有時會違背既成的管理規則，但千萬不要就此退卻，有時可讓規則先凍結，等解決完問題後再恢復。總經理親批，就違反授權規則，但治亂世用重典，也有速效。

71. 煞車與油門

大多數的領導者，只會擠壓獲利，要求成果，卻忘了另一項工具，就是加碼給予，鼓勵團隊冒險犯難，而公司也投入相對更多的資源。這是領導者的另一個層次。

一個新網路事業部門提出第二年的預算，預計要賠新台幣兩千萬元，我看了他們的計畫之後，找來主管，要求他們更積極一些，再多做一些事。他們十分惶恐，因為兩千萬的赤字預算，已讓他們承受極大的壓力，我要他們更具攻擊性，他們害怕會賠更多錢。我說沒關係，只要訂出非財務的ＫＰＩ作為績效考核標準，至於財務數字，我同意他們再多賠一千萬。

另一個全新的事業單位提出的前三年財務計畫是：第一年賠一千多萬；第二年小賺；第三年有明顯獲利。我完全不能同意這個計畫，我要求他們第一年就要損益平衡，甚至第一年就要賺錢，第二年以後就要獲大利。理由很簡單，這個單位是提供服務，而且服務內容有時效性，現在很熱門，未來發展則不明，所以當然要立即賺錢。

油門與煞車，這兩種工具是我現在最常使用的。我從集團營運的高度、從整體市場變動的角度、從團隊運作的效率，去檢查每一個事業單位的計畫。有時踩油門，讓他們放手去做，加碼投資；有時則踩煞車，要他們謹慎行事，縮小規模，或者要立即擠出利益。

不論踩油門或煞車，絕對不是因為我比他們更理解這個行業、更瞭解細節，反而就是因為我不瞭解細節，卻要扮演不同的角色。我的角色是要想整個集團的策略，要考量的是整個集團明天的發展，更重要的是，我知道我手上有多少籌碼，而我要將這些籌碼分配在最有效益的地方。

我花了很長的時間，才學會這樣當老闆。過去我會很有興趣的與直線主管談營運的細節，也會不斷的提出各種不同的意見，希望讓他們能做得更好，或者少犯一點錯，這是我當直線主管時，最擅長且熟悉的事。因此，當我變成經營者、變成老闆時，我仍不改擔任直線主管時的習慣，經常見獵心野，自己動起手來。

我強迫自己，不要管今天的業績，我也強迫所有的直線主管，要他們為今天的業績負全責。而我只有在決定預算、編列計畫時才會參與，而參與的方法就是踩油門或煞車，這兩者一定要同時做。

踩煞車比較容易，因為是減法，只要看到風險，自然就會做。但踩油門就完全不一樣，對未來要有想像力，對公司的策略要有定見，也要有膽識，因為你要把更大的資源投入在不可預測的計畫上。

只會踩煞車，你會變成沒有氣派的老闆；只會降成本、只會減風險，這樣的公司未來沒有前景。所以每年我一定會選擇一、兩個專案，努力踩油門，這代表整個公司未來的發展重點，也讓整個團隊知道，公司願意冒風險、願意做更大的投資，而不是只會擠壓獲利。

任何小主管也都可以在所負責的小部門內，嘗試踩油門與煞車，這可訓練你超脫例行公事，繼而進入策略思考。

後記：

❶煞車是減法，油門是加法，踩油門需要膽識、遠見、勇氣。

❷能加碼的領導者會讓人尊敬；而在踩煞車、擠壓獲利時，也更有說服力。

72. 以退為進的談判之法：今天純吃飯就好

人生隨時都在溝通、協調、談判，好的談判結果代表一個順利的開始，而談判過程千變萬化，如何互動？如何逆轉？如何趨吉避凶？一味的陳述己方的立場、一味的積極配合，不見得可以得到好結果。有時候以退為進卻可收意想不到的效果。

台灣的企業面對國際的往來，經常處在不對等的狀況下。有一次我想出版一本國際知名刊物的中文版，對手公司是跨國集團企業，而那本刊物是該領域的兩大世界級刊物之一，道地的「人強貨扎手」，對方的要求非常嚴苛，談判過程艱困異常。

由於我想做的意願很高，因此對所有他們提出來的條件，我都盡全力去配合，尤其是在授權金上，我更主動的提高，希望讓他們感受到我的誠意，就這樣一切還算順利，對手拿到了一個最好的交易條件（我的經驗判斷），談判很快就進入最後的簽約階段。

沒想到所有的問題從看到合約開始。他們提出的制式合約充滿了大企業的傲慢，許多細節的限制幾乎讓我們無法工作，剛開始我還是心平氣和的溝通，但我發覺他們完全不能理解我們的困難，還是堅持一些無關緊要的細節，這些無關緊要的細節卻會讓我們無法順利有效的出版這本刊物。

最後一次談判，我在忍無可忍之後，憤怒的站起來，告訴對方，我們決定放棄，現場整個氣氛就像冰凍起來一般。

沒想到其後的談判急轉直下，那些不可理喻的要求，對方都同意回去研究，事後也真的就順利完成簽約。

事後我才知道，那份制式合約是他們公司的規定，任何更動都很麻煩，但也不是不可改變，因此他們的策略是先說「不」，除非對方的反彈很大，否則就不更動。而我從全力配合到憤怒拒絕的過程，他們其實看在眼裡，因此才會急轉直下。

這使我充分明白「拒絕」與「憤怒」的力量。在商場上你永遠無法用退讓與忍耐得到對方的尊敬與合作，拒絕與憤怒，是必定要學會的談判技巧。

從那一次以後，任何的合作、談判，我先想的就是不做！拒絕會讓我們從比較好的立足點開始協商。至少在心態上我不會像前述的案例一樣，一直被對方牽著鼻子走。

再來，我一定會慎重安排一次拒絕餐會。通常會在談判接近尾聲時，大家都很瞭解彼此的狀況，以吃飯的形式進行，我會事先告訴對方，這次我方會有正式的回覆，而事先的談判過程早就營造了一個良好的合作氣氛，對方通常都會以為我們可以合作愉快！

餐會見面的第一句話，我會很為難、很惋惜、很「痛苦」的表示：「我們今天只能純吃飯」，只因為我們決定放棄合作。對方在意外之餘，一定會詳問理由，接下來就是我把事先想要排除的障礙以及想額外增加的條件一一敘明，並表示除非這些事能解決，否則我們只好退出。

「今天純吃飯」是有條件的拒絕，是營造我方有利條件的說法，也是徹底表明我方態度的委婉說解，其實在所有的合作中，一定有落差、有障礙，說「不」就是要排除障礙，讓雙方重新思考，也是合作簽約的必要過程。

後記：

❶一個老友打電話給我，他在前往談判的途中看到我這篇文章，他決定先取消這次的談判，沉澱一下再定行止，我的文章提醒他，太急著完成談判不見得會有好結果。

❷談判中一定有歧異、有衝突，而衝突的解決不能只是退讓，有時引爆衝突才有機會徹底解決衝突。以退為進是比較緩和的衝突引爆法。

第 5 章

主管的錯誤學

在組織中，主管通常是問題背後的問題，
也是總體錯誤的背後根源，
主管無法不犯錯，但知錯、能改，
是唯一進步的路。

主管的錯誤與學習

主管每天都會犯錯，因此虛心檢討、學習，是讓所屬團隊災難變小的唯一方法。

這個章節所舉的實例，並不講究結構的完整，完全是以實際發生的情境為藍本，來探討主管的錯誤與學習。

其中〈人醜無罪，嚇人有罪〉，要讓讀者明白主管的責任與條件，不見得每個人都可以當主管；不罵人的主管，可能是主管疏於教育，會阻礙成長；「反激勵」是現代的流行詞彙，想激勵部屬的主管，反而得到反效果。

至於內鬥、內耗是組織內常見的問題，而主管也才有資格參與內鬥，應如何應對？用公司資源，謀自己的福利，這也是當今的流行話題，主管是不是也是其中的兇手？

在組織中，主管通常是問題背後的問題，也是總體錯誤的背後根源，主管無法不犯錯，但知錯、能改，是唯一進步的路。

73. 人醜無罪，嚇人有罪
——主管誤闖叢林的錯誤

要避免「人醜無罪，嚇人有罪」之譏，最重要的就是事前對自己能力準確的估計，與對當主管與老闆所需能力的理解，以避免自己被揠苗助長，以致進退不得。

每天看電視時，經常會為一些畫面感到渾身不自在。記得有一次電視台訪問一位女律師，長得奇形怪樣，臉上還有一塊黑斑極其明顯，再加上服裝宛如菜籃族，弄得我急忙轉台。

這個社會大多數的人都缺乏自知之明，常常讓自己陷入「人醜無罪，嚇人有罪」的困境中。我指的這個醜字，並非說的是外表，指的是每一項工作的專業，指的是自己的所有短處。

每個人皆有所短也有所長，「用己之長，避己之短」，本是常理，只不過大多數人也經常高估自己、錯估環境，而使自己落得「人醜無罪，嚇人有罪」的惡名。

創辦《商業周刊》初期，我就陷在「人醜無罪，嚇人有罪」的情境。我是一個好記者，也就此一廂情願辦雜誌，覺得那只是一線之隔、一步之遙，我可錯多了。

我是個浪漫不會算計生意的人，變成領導者後，我不知用人、馭人、組合團隊；變成管理者，我卻又單純的以己度人，認為每一個工作者都會自我管理，不需要老闆嘮叨。結果當然很悲慘，虧損累累、痛苦不堪（《商業周刊》現在如日中天，好到不行，可能是因為我不在那工作！），我犯的最大過錯，就是錯估了自己的外貌（能力），不知道躲在家裡，卻跑到外面嚇人！

「人醜無罪，嚇人有罪」的道理，用在商場與職場中，應該可以改成「無能無罪，誤員工有罪」或者「不會賺錢無罪，虧股東錢有罪」，再或者是不會管人、不想管人、不喜歡管人無罪，卻要當管理者，弄到組織混亂、好壞不分、劣幣驅逐良幣、績效不彰，把每個人都變成笨蛋，罪過就大了。

如果你是老闆，賠的是自己的錢，一切苦果自負，你的罪或許小一些，但耽誤員工前程，終歸還是有罪。如果你是被動被任命的主管，雖然上台無罪、被放錯位置你無罪，可是績效不彰，下台的苦果可要負責。尤其如果你又是那個戀棧職位、賴著不走，像大多數台灣政治人物一樣的人，就更令人厭惡了。

懂得反省自己，才會避免嚇人的悲劇

全能的好老闆、好主管鳳毛麟角，難以企及，大多數主管只要擁有「一時一刻之美」也就不易了，因此有機會出頭，就該勇於嘗試，不要錯過機會。而做了之後，你也有機會逐漸補強，從不會到會，最後也能稱職，甚至有更傑出的表現。因此上台的問題小，上台後的問題大。而大多數老闆們「醜人，又嚇人」的罪過也是在上台後才逐漸顯露無遺。

員工的眼睛是雪亮的，不需要太長的時間，大家都會知道你是個笨老闆，又無知又無能，而全辦公室只有你一個人不知道。

並非員工聰明，而是員工用結果衡量：績效好，老闆就不笨；績效不好，老闆就笨，道理就這麼簡單。而你如果是個笨老闆，你又為什麼不知道自己笨？因為你把責任推給公司、推給組織、推給那些「笨員工」，一廂情願的認為自己不笨，這就是缺乏自省，不幸的是大多數的主管都指責別人，而不知反省自己。

找機會優雅下台，才能不陷入「醜人」之境

另一種醜陋又嚇人的老闆出現在成功之後，上任時的謙虛、學習、自省讓他成功，成功之後，當時空變換、環境改變，如果這個成功的老闆迷戀過去，不知與時俱進，就會醜態畢露。就像許多藝人年華老去，又不知急流勇退，令人替他難過。

沒有人能永遠英明，過去的成功不保證未來能繼續，戒慎恐懼、隨時檢討、因應改變，是領導者持盈保泰的不二法門。因此企業經營者最大的問題不在上台，而在下台，一旦自己跟不上時代，無法因應環境變化，不能持續過去的豐功偉業，就該知道自己年華已逝、青春不在，瀕臨「醜人」之境，找機會以優雅的姿勢下台，應是最佳選擇。

「人醜無罪，嚇人有罪」，是表演舞台的真相；「無能無罪，當主管害人、誤人有罪」，更是組織團隊營運的現實。只是主管的無能，如果不能用自反、自省克服，最後通常只能像南唐李後主一樣：「最是倉皇辭廟日，揮淚對宮娥」，以悲劇收場！

後記：

嚴格來說，老闆與主管是資本主義世界中的關鍵角色，並不是每一個人都合適扮演；就算合適，也只是一時一地的合適，隨時都可能形勢逆轉，由稱職變成不稱職，由英明變成昏庸，這是老闆與主管光鮮外表後血淋淋的真相。

我適合當主管嗎？這個問題不只是每一個工作者在上台前必須審慎思考的問題，更是上台後要持續思考的問題，尤其在短暫的成功之後，更要小心。

74. 新主管的彼得原理——新手主管可能的錯誤

彼得原理講的是組織中表現良好的工作者，一定會被升遷到更高的職位。因此不論任何時刻，檢查組織中的人大都是不稱職的，因為這些人都是剛接任更高的新職位的人，他們還沒有學會新職位所需的所有技能！

彼得原理描述的是組織的評價與升遷，但實務上並非如此，因為組織的評價並不即時，升遷也未必即時，主管的普遍不稱職現象未必發生。但是組織中另一種形態的彼得原理，卻是必然發生，也必須重視，那就是新主管的彼得原理。

分析組織中的升遷邏輯，都是因為原工作表現良好，所以被拔擢。

如果是第一次當主管，那是從工作者被提升為管理者；如果已是管理者，則被提升到更高的階層，管更多的人、負更多的責任。

在升遷之時，主管的彼得原理確實存在，如何透過有效的方法，協助主管度過尷尬期，這是組織中重要的課題。

這其中最需注意的是第一次擔任主管的困難。

一般而言，第一次當主管的人，通常是因為一種特殊技能、表現良好而升官，例如：行銷、會計、生產技術、企畫、研發等，當獨立工作者，他們嫻熟稱職，績效良好，一旦升為主管，面對管人、帶人、溝通協調，甚至還要觸及其他相關平行部門，這是完全不一樣的角色，新主管的艱難處境立即顯現無遺！

「因一項技能而升官」這是新主管共同的升官原因；可是專業技術良好，並不表示能力全面而且能成為管理者，這就是新主管的彼得現象了，也是組織中必須小心處理的問題。

新主管的困難通常來自三方面：一是心理調適，二是領導統御，三是相關知識與經驗的不足，而前兩者更是一體的兩面，也就是工作者與主管的關鍵差異，是新主管必須快速學會與克服的困難。至於第三項相關知識與經驗不足，這只有透過工作中去學習完成。

新主管通常沒有察覺到自己做事與領導別人其實有巨大差異，通常還是自己認真做事，忘了身邊還有一群人需要你的帶領協調、指揮。主管通常需要花最多的時間去管理、訓練部屬，把每一個人擺在正確的位置、做正確的事。新主管不是太謙虛到完全不敢指揮別人，以致群龍無首，就是太誇張的行使主管權力，致使部屬無法適應，分崩離析。

如何恰如其分的扮演主管的角色，發揮協調指揮的功能，讓別人做事，同心協力為部門的目標共同努力，這是新主管最大的難關，也是上層主管必須協助與輔導的責任！

後記：

❶新手主管都有蜜月期，老闆會給你時間上手適應，新手主管就要把握這段時間，度過彼得原理定律，這段時間通常不超過三個月。

❷新手主管也有災難期，部屬會在這時候給你各種考驗，觀察你的動向，切記絕對要冷靜應付。如果遇到沒把握的事，「讓我仔細想一想，再回答你」可能是最好的應對方式，不要立即回答，避免錯誤。

75. 行為端莊，以身作則——主管壞榜樣，員工逆學習

主管所有的行為都會變成工作者的基準，好習慣，員工慢慢學；壞習慣，員工立即上手，很快就學會，這就是組織的常態。

因為一項重要的特殊任務，我需要與某一個單位的所有同事每週開會，於是我訂了一個時間！每週一上午九時準時開會。第一次開會，三三兩兩，遲到請假甚多，我大發雷霆，要求所有人務必準時；第二次終於順利開會，可是這個單位的主管隨即來找我商量，以後可不可以把會議延到十點，理由是大家通常晚上加班，第二天不會早到！

我甚為狐疑，真的如此嗎？經過仔細瞭解後，原來這位主管基本上是早上不進辦公室，因為工作的需要，我們讓主管決定彈性上班的時間，而因為主管的習慣，這個單位長期下來，早上十點以前，很少人在辦公室。我要求九點鐘開會，當然是與全單位為敵，主管只好硬著頭皮來找我商量。

我再一次體會到主管風行草偃的威力，有什麼樣的主管，就有什麼樣的團隊，上有好之者，下必有甚焉者，主管嚴謹，部屬不敢放鬆；主管浪漫，部屬放浪形骸。在組織中，主管的行為就是不成文的規矩，每個人都會從主管身上學到可以依循的規矩，而且是「逆學習」。

「逆學習」，指的是對主管正面的、好的工作習慣或態度，部屬不見得會學，他們會假設主管能力強，這是應該的；但對於不好的、壞的工作習慣，通常會像傳染病一般，隨時成為組織中的共通標準。

前面的例子，主管每天準時上班，員工也努力準時，但不保證不會遲到。主管如果想要塑造一個「準時」的工作態度，非得三令五申不可，有時候還要找一兩位倒楣鬼開刀，大家才會把「準時」當一回事。

可是如果要不準時，那太容易了，主管只要遲到一兩次，而且沒有正當的理由，那保證下一次所有的人都三三兩兩，遲到早退。主管午前不出現，那員工十一點鐘以前能上班已經是仁至義盡了。

這就是「逆學習」，好的不易學，不一定要學；壞的肯定學、立即學，而且一學就會、一學就上手！

古時候，天子教化草民，皇后母儀天下。當今社會，企業組織是每一個人生活的小世界，老闆及主管制定規畫，成為大眾依循的對象。行為端莊、以身作則，是主管的行為準則，你的一舉一動，都會成為記錄、批判、學習的依據。

我的祕書曾經告訴我，抽菸可以，但不要走在馬路上亂丟煙蒂，因為同事會傳得很難聽。我聽到這話，冷汗直流，我不知道我還有多少不雅的行為被觀察、被記錄、被流傳。

我還想起台灣首富郭台銘辦公室中簡陋的座椅，因為只要他換一張好的椅子，所有的人都會隨之提升，那公司的成本就會增加。我要說的不是郭台銘的小氣，而是主管隨時被觀察、被記錄的處境，而「行為端莊、以身作則」，不能一時或忘！

後記：

主管在組織中做任何決定時，要先思考對所有的人一體適用，因為很可能所有的人都比照辦理。如果這個決定，不能適用於所有人，那就要小心處理成特例，事先要讓大家知道不可援例，但如此一來，這件事反而會成為焦點，如果禁不起考驗，可能就不該這樣做！

76. 心慈手軟，遺害部屬——主管仁慈的錯誤

人人想當「好」主管，人人不想得罪人，人人都要關係好，人人都不要當壞人，這種主管一定是壞主管，因為主管一定有麻煩事要料理，也一定可能要得罪人，一心仁慈就是「濫好人」。

有一則血腥的寓言：一個因為被媽媽溺愛的小孩，走入歧途，被判了死刑，臨刑前，要求再吸一次媽媽的奶，卻一口咬掉母親的乳頭。他告訴媽媽：「都是你溺愛，在我犯小錯時沒有嚴格制止，以至於我一錯再錯，終於犯下死罪，我恨你！」

這則寓言，強調的是父母親教育與規範的責任。媽媽的溺愛是好意，但終究置兒子於死地，愛之適足以害之，且引來兒子無可彌補的怨恨！

領導者與部屬之間，也有類似的關係，規過勸善、教育部屬是主管的責任。我也有類似的慘痛經驗。一位長期和我一起工作的部屬，我對他的能力極為認同，因此當他升上主管之後，我完全放手讓他打理部門內的所有事務，第一年狀況不佳，

我給他機會；第二年狀況又不佳，我又替他扛起責任；第三年狀況又不好，我不得不動手整理。但瞭解狀況後，發覺整個組織團隊的工作觀念、想法、邏輯，都已經徹底扭曲了，根本無法調整，最後我不得不放棄這位曾經十分能幹的部屬，而這個團隊幾乎也以解散再重整收場。

事後我十分自責，這個悲劇，我應該負百分之五十以上的責任！這位主管百分之百是能幹，只是我的認同，讓我徹底放手，沒有適時的給予規範、教訓，我認為他應能自我調整學習，而不忍苛責，結果是他的錯誤越陷越深，最後這個主管走入歧途，變成不能用的人，而組織也受害甚深，我的「心慈手軟」、信任、放手、放權，終究賠了夫人又折兵，變成個人與組織雙輸的局面！

每個領導者都有當好人的傾向，希望和顏悅色，讓部屬如沐春風，話撿好聽的說，儘量不要罵人，以免造成團隊的緊張氣氛。這當然是令人稱羨的境界，但是只有好心絕對不夠，太多的「心慈手軟」只會使組織是非不明，也會使部屬陷入「有錯不自知，有過不能改」的困境。

組織內有人犯錯、有人犯規，能力不足，績效不彰，都是常見的事，這時候主管的功能就是要規過勸善，不可以有絲毫的猶豫，不見得要嚴厲處分，但要明辨是非，讓犯錯的人知錯認錯、限期改善，才不會造成個人一再犯錯，而整個組織也隨之沉淪。

大多數主管都想當慈眉善目的「好主管」，不得罪人是他們的最高原則，部屬有錯，忍住不說，一直到病入膏肓，才雲淡風輕不著邊緣的說兩句，很可能當事人根本不知道問題的嚴重性，只希望靠時間來淡忘這些問題，這種只期待自己人緣好的「濫好人」主管是最要不得的，因為這樣的團隊一定績效不彰，而部屬也學不到東西，結果是整個組織楚囚相對！

設定目標、訂定規範、嚴厲要求、有錯必追、有過必罰、限期改善、限期完成，這是主管最基本的態度，與工作、責任、目標等有關的事，絕對不可心慈手軟，今天輕輕放下，只會讓部屬不長進，他們的無能，大多來自主管的無能與善意！

後記：

學會罵人是主管的必修課，我曾經連罵人都不會，因為怕傷了部屬的心，所以拐彎抹角的說，沒想到部屬完全聽不懂，還以為我在誇獎他。罵人也是主管的另一種專業，要努力學習。

77. 你在做反激勵嗎？——主管過於嚴厲的錯誤

中國人用負面看事情，因此不論教育小孩或者要求部屬時，常會出現「反激勵」，有時候這還不只是過於嚴厲的要求，更是主管思維、想法、態度，與言語表達的問題。

一個部門主管來抱怨：何先生，你昨天會議中對某一個部門的批評，太嚴重了。那個主管傷心透了，已向我辭職，現在我好不容易安撫下來，可不可以請您以後注意言詞，不要太犀利！

聽了這話，我大惑不解，印象中我對那個部門的報告相當滿意，我的發言也當下肯定了他們，為何會有嚴厲批評的說法呢？這位部門主管告訴我：您正面的肯定只有兩句，但其後的建議卻講了五分鐘，所有的建議都代表了他們現在的不足，這不就是批評嗎？

我終於恍然大悟。我想起我與女兒的對話，有一次小女兒拿成績單給我看，我說：怎麼成績這麼差，只有七十分？小女兒一臉無辜：可是老師說我有進步耶！上次只有六十五分，進步不就是好的嗎？我只好閉嘴。

後來女兒出國念書，她告訴我，台灣和美國教育體制最大的不一樣是，台灣用絕對標準，美國用相對標準。用同樣的例子，七十分的成績，美國老師會說很好，有進步。但在台灣，家長會說：人家第一名八十分，你怎麼只有七十分？

美國的老師不斷用正向的鼓勵，引導學生逐步變好，我女兒還告訴我，在美國她最常聽老師說的話就是「Good job!」（做得好），任何事、任何時候，美國老師都不斷稱讚，美國學生在被激勵與肯定中，逐漸走出他們自我學習之路。

我承認我是台灣人，對事情的看法習慣用絕對的標準。看到七十分的成績，想的不是有進步，想的是，怎麼不是八十分、九十分；想的是進步不夠多，還差別人一大截。

因為想的是好還可以更好，因此我對那個部門的說法，難免就是「肯定一兩句，但是建議一大堆」，聽到當事人耳中，當然就是不滿大於認同，挫折大於肯定，羞辱大於獎勵，我是標準的反激勵主管！

「反激勵」是領導學的新興話題，人人都知道激勵是主管的必修課，但是不論修了多少激勵課，如果對激勵的基本原理、對事務評價的基本態度不對的話，許多的激勵行為都會變成「反激勵」，許多主管每天都在做反激勵的事，就像我一樣。

要避免反激勵，重要原則就是要「相對標準看進步」，不要用「絕對標準看不足」。美國人因為用相對標準看進步，因此，隨時都會由衷的講出「Good job!」，人與人相處，也是隨時隨地互相鼓勵，「Good job!」滿天飛。

中國人太躁進了，對成功有急迫性，對進步沒耐性，每天想的就是一步登天，每天想的就是要贏過別人、攀登頂峰，對努力走一半的人沒耐性等待，肯定的話自然講不出口，說出口的是怎麼做才可以更快、更好！說來也許是一片好意，但要看當事人有沒有足夠的氣度來消受，消受不起時，「反激勵」就出現了。

後記：

「相對標準看進步」其實是感謝、滿足、不操切的心態，如果我們有時間，可以緩緩而來，當然可以對進步表示欣慰。問題是商場上瞬息萬變，我們可能沒時間等待，難免操切，可是主管要知道，過度嚴厲，有時欲速則不達，不能因為急，反而打擊了士氣。

78. 放鴿子總經理——主管不重視內部團隊的錯誤

更改開會時間，只是一件小事，但是太頻繁、太倉促、太意外，都代表了主管本身有大問題，也可能隱含了你是個不稱職的主管。

在我連續幾次更動開會時間之後，一位平時溫文儒雅的主管向我興師問罪，他說：「何先生，我們不是沒事做，每天只是等著你召集會議，你知道你更動一次會議，有多少人會受影響嗎？你改行程，我們跟著做，我們的部屬也跟著改，幾乎所有的人都陷入混亂中。」

我十分汗顏，我的混亂讓所有人都不安定。我的腦中隨之浮起曾經聽過的一個「放鴿子總經理」的笑話。

一個老友，聚會時要不就臨時缺席，要不就遲到。有一天他終於向我們坦白，他並不是擺譜，只是因為他有一個「放鴿子總經理」不斷變動開會時間，所以弄得他暈頭轉向。

他的總經理的最高紀錄，同一個會議改了七次時間。有一次開會，當全員到齊、坐定之後，這位總經理忽然又有事，取消會議，從此他得到了「放鴿子總經理」的外號。

為什麼會這樣呢？這位朋友分析：他的總經理對外其實不會這樣，他只是把公司內的團隊放在最後順位，優先迎合外部，以至於把他的部屬給整慘了。那又為什麼不找別人代理開會呢？原因是這位總經理疑心甚重，不放心別人替他主持會議。

事事都重要等於瞎忙

回想這個笑話之後，我一身冷汗，我是不是也是那個「放鴿子總經理」？我開始檢討為什麼會更動開會時間，因為有會議撞期、因為有更重要的事發生，這好像是無可避免的事。接著我又問：能不能不更動開會時間，又能解決撞期的問題？答案很簡單，有一個會議我選擇不參加就是了，只要我願意授權別人代理開會，授權別人決定就可以了。

想完這些道理，這件困擾許多老闆、總經理的問題，好像迎刃而解了，可是，真的這麼容易就解決了嗎?難道那些「放鴿子老闆」、「放鴿子總經理」全都是笨蛋嗎?

我找來這位向我興師問罪的主管,仔細聽聽他們的感受。他告訴我,其實會議時間不是不可以更改,他們也理解老闆們公務繁忙,撞期事件不可免。但他們真正會生氣的是幾件事:(一)老闆把他們放在最後順位,那種不被重視的感覺;(二)感受到老闆事事重要,找不到重點、無事瞎忙的感覺,這代表他們跟到一個笨老闆;(三)明明可以不要開那麼多會,明明可以找人代理授權,卻要親力親為,說明了老闆多疑、猜忌、不信任人。

聽完這些話,我終於懂了,「放鴿子總經理」之所以會發生,其實不是技術面不能避免、不能協調,根本是總經理個人的性格與能力問題。

因為不重視員工、不重視團隊,重視對外公關、重視迎合董事會、喜歡向上逢迎大老闆,這是性格。至於能力差的笨總經理,當然找不到重點、找不到方向,而多疑猜忌的總經理,當然凡事自己來,忙死自己了。

每個老闆、每個主管都不會承認自己笨,但你是不是那個「放鴿子先生」呢?這事是騙不了別人,也騙不了自己的!

後記：

❶這篇文章得到許多反應，許多工作者希望我把這篇文章寄給他們老闆看，也有老闆謝謝我提醒了他們的錯誤。我則很安慰，因為自己不是唯一的笨老闆，許多人和我一樣。

❷有趣的是，真正的「放鴿子總經理」渾然不覺，因為他忙到沒時間處理「救火」以外的事，這是一個讀者給我的反應。

79. 反指標經營者——主管失信承諾的錯誤

主管最大的問題是常常達不到預算，做不到承諾，背離目標，績效不佳，這種主管要被限期拖出午門斬首，只是這種主管大多數不知道自己的問題，還找各種理由推拖。

一個知名的投資金主，講述了他對付那些沒效益的經營者的故事，內容令人捧腹，但發人深省。

這位投資金主，最多的時候，同時投資了十七家公司，當景氣逆轉時，大多數公司的股票都變成壁紙。剛開始，這位金主還努力的參加董事會，瞭解這些公司的營運狀況，但日子久了，越來越沒指望，這位金主乾脆告訴那些經營者：我現在就假設你的公司已經垮了，不用來通知我開會，除非公司有好消息，重新開始賺錢後，再找我來開會。

這位金主告訴我，其實他並不是這麼現實，只是不負責的故事聽多了，他才決心了斷。他進一步解釋：曾經有一家公司，經營者看起來精明幹練，當第一筆投資用完後，經營者告訴他，已擬妥改善方案，希望他繼續增資，他照辦；其後又增資了兩次，他心中雖有懷疑，但也勉力而為。一直到第四次增資，經營者還是描述了一個美麗的願景，表示已經找到解決方案。這位金主拒絕了。他告訴經營者：我確定你是「反指標」，你說會成的就肯定不會成，經過這麼多次，我決定照你的相反意見去做，你叫我繼續投資，但我決定撤資！

金主告訴我，那家公司終究還是結束了，最後他沒跟，少賠了很多錢。

聽完了金主的故事，表面上我隨著大家大笑，但背脊冷汗直流，因為我曾經就是那個一再向股東要求增資的經營者，而且前幾次的增資，我也真的沒想清楚，只是為了解決當時立即的困難，我也當了很久的「反指標」經營者，而這種「反指標」的故事，在企業經營中屢見不鮮。

「事不過三」定律

善良的投資人、金主最容易遇到「反指標」經營者；善良的管理者，也很容易遇到「反指標」的部屬，不過最大的危機是：無能的管理者，更經常遇到「反指標」的部屬，這將會為公司帶來更大傷害。

善良的人並不笨，經過幾次會覺醒，就像那位金主一樣。可是如果一再重複，那就是無能。「反指標」的部屬、經營者，本質上就是無能，而一再的善良與信任部屬，則是另一種形式的無能！

我脫離「反指標」經營者，是因為無路可走而不得不改變，但也從此徹悟，我終於知道要自己覺醒改變非常困難，而且沒有效率，外力的規範有其絕對的必要。試想那位金主如果在第二次或第三次就拒絕增資，是不是少走了很多冤枉路？

我為自己設定了「事不過三」定律，同一件事絕不試超過三次，相信別人也絕不超過三次，給部屬空間、相信部屬也絕不超過三次，三次是一個有形的極限，有時候我甚至連兩次都不願意試，因為歲月增長之後，讓我有機會看清更多事：爛蘋果我咬一口就知道，不需再吃第二口。

「事不過三」讓我免於成為「反指標」，也免於成為無能的工作者、主管、領導人！

後記：

❶對這種無法信守承諾的主管，最難以啓齒的是第一次對他不滿的表達，因為這是一個分水嶺，之前他是好主管，只是有些缺點；之後他是壞主管，要限期改善，否則要下車。話說重了，他傷心；話說得太輕，他聽不明白。

❷「反指標」其實是主管最大的錯誤，因為完成不了目標，主管根本沒有存在價值。

80. 殺敵一萬，自損八千——主管內耗內鬥的錯誤

組織內的衝突在所難免，但內部的鬥爭，傷的是組織的和氣與團結，積極的爭取自己的權利，雖無可厚非，但是退一步海闊天空，可能是化解組織內鬥最好的方法。

我服務的公司是由無數的營運單位組合而成。每個單位都是利潤中心的營運主體，這表示公司內有無數獨立營運的小王國，王國與王國間因為營業競爭、工作互動等產生爭執、摩擦，也在所難免。

而內部人員轉調、挖角，就是發生衝突的最重要原因。一位部門主管氣憤的指控，另一個部門惡性挖角他的營業主管。我告訴他：你可以執行「城邦家法」，只要你不同意營業主管調職，挖角就不會成立。

我以為他會採取「家法」伺候的嚴厲手段。沒想到他指控完了之後，竟然說：「算了，雖然這是惡性挖角，但已經到這個地步，我就成全他們！」

因為這個主管的寬宏大量，一場內部衝突，消弭於無形。也有案例不是如此，有兩個單位也是因為挖角起衝突，動用了「城邦家法」，從此這兩個主管誓不兩立、爭執不斷，兩個單位的績效都受到影響，直到我調查其中一位主管之後，衝突才逐漸化解。

職場上，不愉快的事每天都在發生，有時是別人得罪你，有時是你受到不合理的對待，當然也有可能是「小人」暗算你。你要採取什麼態度、什麼方式來對應，就成為工作成敗的關鍵。

職場上只有競爭，不該有敵人

商場上亦復如此。每天會遭遇慘烈的競爭，有時是價格戰，有時是法律戰，有時是情報戰，有時是口水戰。當然你也可能遇到非常難纏的對手，各種手段層出不窮，有合情、合理、合法的手段，當然也可能是各種見不得人的骯髒手法，面對這些企業外部的競爭，我們全力應戰，理所當然，但如果是內部鬥爭，我們又將如何看待呢？

把所有的對抗、衝突對象都當成敵人，這是最常見也最自然的反應，既然你對著我而來，既然你踩到我頭上來，我當然要起身應戰，以牙還牙、以眼還眼。前面那位決定動用「城邦家法」的主管就是如此，但起身迎戰的結果又如何呢？

把敵人打敗，這是最好的結局。不過就算打敗敵人，自己也不可能沒有損失。而「殺敵一萬，自損八千」又是極常見的結果。因為對戰雙方實力懸殊，戰爭不會成立。一定是勢均力敵，才會啟動戰爭，而結果當然是「殺敵一萬，自損八千」的慘勝居多。

兵凶戰危，是每一個人永遠要認知的事實，啟動戰爭就一定要付出代價。商場上或許還有不得不戰的原因與必要。而在職場上，就不是這一回事，事實上在職場上並沒有敵人，有的只是同事、夥伴，頂多是在工作上有某種程度的競爭關係，這些對象，或許會有爭執、摩擦、意見不同，但絕不是敵人。如果因此爭執、摩擦，就以敵人相對待，最後的結果只是公司內耗、內鬥的悲劇而已。

雖然在商場上，我一向不畏戰、不怯戰，但「殺敵一萬，自損八千」的兵凶戰危，我永遠引以為戒。而在公司內部，更要忘記「敵人」這件事。

後記：

❶我見過一個打了數十年的商標官司，其中一家公司雖然勝訴，但獲得賠償有限，可是因公司全力在打官司，企業營運原地踏步，而其他的公司早已擴張為大型集團企業，這位老闆選擇打官司，犧牲了正常的成長，落得「慘輸」的下場。

❷組織內好鬥的主管，是我最大的困擾，我也沒見過好鬥的主管有好下場的，因為他們把能力、時間，用來內鬥，反而忽視了績效表現。

❸用能力表現搶位置，理所當然；用內鬥搶位置，令人厭惡，面目可憎。

81. 沒關係，你欠我五毛好了！

不要把努力上進的員工當白癡，這種員工要愛惜、要呵護，而不是過度使用、過度要求。而且要知道公司欠他們，他們通常付出了太多，而得到太少。這個不上路的乞丐的故事，值得每一個老闆深思。

我聽過一則充滿反諷的故事：有一個人在上班途中，每天都會遇到一個乞丐，每天他都給這乞丐一塊錢。有一天，他又遇到這個乞丐，他摸摸口袋，身上沒有一塊錢，只有五毛錢。他跟乞丐說：「不好意思，今天只有五毛錢。」他給了乞丐五毛，沒想到乞丐回答他：「沒關係，那你欠我五毛好了！」

第一次聽到這個故事時，覺得天下怎麼可能會有這麼不上路的乞丐。但後來工作久了，真的遇到許多這種不上路的人。而最近發生的一件事，又讓我想起了這個故事。

我之前在專欄寫過一篇文章：〈要五毛，給一塊〉，說的是為了得到老闆的認同、肯定，以讓自己擁有更大的工作自由，我通常會以高於老闆的期待完成工作，用更短的時間、更高的標準、更低的成本、更好的效率，讓老闆驚喜，自己則得到更大的回報、自由、學習與能力。這是我快速成長的動力，也是自我要求、自我的勉勵，並不是來自老闆的要求。

奇異前總裁傑克．威爾許（Jack Welch）也有類似的說法，他建議年輕人對老闆應是「over deliver」，這樣才會成長快速。（見《商業周刊》第一〇〇七期「人才，是策略的第一個步驟」）

最近一個讀者寫信給我，說他的老闆影印了〈要五毛，給一塊〉的文章，要開讀書會，要大家寫心得報告，讓他很錯愕，也很不滿。

這其實是我很害怕的結果，我的許多想法都是自我期待、自我要求，一旦變成老闆對員工的要求，恐怕會有衝突，也會引起員工更大的誤會與不滿。

投入與回報要對等

我願意做得更快、更多、更好，這是我自己心甘情願的事，因為我可以學得更快、成長得更好。甚至更主要的原因是要讓老闆閉嘴，不要天天盯著我，給我更大的空間。如果我加倍付出換來的是老闆的欲壑難填，要求更高、期待更大，那不就是應了前面的故事嗎？變成我永遠欠老闆五毛嗎？

員工與老闆相處得宜，會使一個團隊手眼協調、合作無間。但也不能否認，員工與老闆之間，其實終究還是有某種對立與利益互換關係，彼此的相互對待，以合情、合理為依歸。員工提供能力、勞力、時間，老闆給予金錢回報，只要投入與回報對等、對稱，就是正常的團隊關係。

一般而言，老闆要求十分，員工回應八分、六分。老闆要求三天後完成，員工不是拖延，就是匆促趕上。做不到老闆的要求是常情、常理。老闆看到〈要五毛，給一塊〉的文章，龍心大悅，理所必然，但如果因而就要求員工遵照辦理，恐怕就大錯特錯了。

一位讀者告訴我，把老闆胃口養大，員工一定倒大楣。員工能跟上老闆的腳步就已經很不錯了，至於要「over deliver」，那是特別傑出工作者的自我要求、自我期待。老闆若這樣想，就是要員工欠你五毛，只是凸顯自己是個不上路的老闆罷了！

後記：

❶許多事，自我要求是可以的，被別人要求就不成立，也不應該。例如：對朋友大方是美德，自我要求沒問題，而朋友是沒權力要你大方的。自己想捐錢可以，但別人沒權力要你捐錢。

❷在工作上，自我要求高，是我期待學更多、成長更快，主管如果從愛護員工的角度，要求部屬多學、多做、多看，是成立的，但如果沒有關心、愛護的成分，要求過多就會變成壓榨員工。差之毫釐，失之千里。

82. 用公司的、花公司的——主管奢華浪費的錯誤

企業經營，精打細算，節儉成習，才能控制成本，但通常這只是小職員的事，有頭銜的主管，在他可能自由裁量的空間，通常都傾向浪費，在事關自己的權益時，都會「用公司的，花公司的」。

一個年輕的主管問我：他發覺有一個部屬經常在上、下班前，固定去拜訪一家客戶。經過仔細瞭解後，原來這家客戶在這位部屬的住家附近，而公司規定，拜訪客戶可申報計程車費，因此拜訪這家客戶，就可以順道上、下班，可以省去上、下班的計程車資。這位主管知道這件事之後，十分困擾，不知該如何處理。

處理這種事，輕而易舉，直接說、迂迴說，都可以簡單解決，反而是這件事情背後所隱藏的問題，讓我思考良久。

「用公司的、花公司的」，這是普遍存在公司中的現象。前述所說的小職員，以拜訪客戶為名，省掉自己該花的上、下班計程車費，這絕對是小事一樁，任何一

個主管，只要發現，都很容易輕鬆防堵，小職員雖然想占公司便宜，但在層層節制之下，浪費的只是小錢，對公司的傷害有限。反而是高層主管不易防範，「用公司的、花公司的」的現象，真正對公司產生傷害的是高層主管。

高層主管才真正有能力「用公司資源，謀自己的福利」，而劇情又五花八門。其中最常見的包括：（一）破壞體制，走偏門；（二）要求訂定差異化待遇，以滿足高層主管的奢華需求；（三）擁兵自重、恃功而驕、滿足私欲。

主管是破壞體制的元凶

有許多公司其實體制健全，小職員都按規矩報銷，只有高級主管無視於體制存在，報花帳、走偏門，讓公司的稽核單位無從管制。高級主管以職務所需為由，要求公司制定差異的標準，給予高級主管更大的空間，擴大其公費私用、假公濟私的可能。至於有些主管因表現傑出，公司投鼠忌器，不敢要求，以致需索無度，讓公司陷入破壞體制的困境。

這些高級主管「用公司的、花公司的」的手法，屢見不鮮，才是公司真正成本虛增、費用高漲的核心因素。

這其中最值得探討的是差異化心態。如果是公司的福利項目，那屬於基本需求，雖可以有差異，但太大絕對不宜。至於與業務有關的開支，可以公關費報支，又何需擴大高層主管的開支權限呢？台灣首富郭台銘使用老舊的辦公桌椅，他的理由是：他節儉，全公司無人敢奢華，創業者用儉樸的態度形成內部的企業文化。可是由專業經理人當家的公司，就很難如此，他們以公司成敗為己任，成王敗寇，「吃公司的、用公司的、花公司的」，這種小節，只有沒能力的經理人才會計較，人才被公司供養，是理所當然的。

不幸的是，經營成敗是落後指標，可是高層經理人的豪奢之風一旦成形，「用公司的、花公司的」會成為組織內的傳染病，高漲的內部費用恐怕就消耗掉經營及業務績效。

作為一個工作者，不僅是默默的接受長官的指令，觀察公司高階主管的作為，如果發覺企業內有這種「用公司的、花公司的」的氛圍，這是企業經營不佳的前兆，及早想想自己的未來吧！

後記：

❶我不願用公司的、花公司的，不是我道德高尚，而是我不願意養成非我自己能力能負擔的奢華習慣（詳見《自慢》一書中的〈無力負擔的奢華〉）。

❷我看不起「用公司的、花公司的」的主管，我也這樣自我要求，這使我保持公司永遠欠我的狀況，因此我可以尊敬老闆，但不畏懼老闆；在老闆面前，我永遠挺直腰桿，因為對公司，我是「give」更多，「take」較少。

❸當我不「用公司的、花公司的」時，我的單位成本會大幅降低，因為沒人敢亂花錢，績效自然變好，讓我有能力在正常的薪資福利上回饋團隊，這是良性循環。

83. 跪接聖旨，皇上聖明

太過英明、太過權威的領導者，往往形成組織一個人決策的現象，所有的主管變成傳聲筒，久而久之，中層主管喪失權威，不敢分擔責任，領導者只能事必躬親。

有一天，我忽然發覺，公司內部的部門主管在發布公告時，常常會用「奉執行長指示……」，偶爾一次也就算了，但卻有習以為常之勢。剛開始我不覺有問題，但深思之後，發覺這不是正常的現象，於是我規定所有的主管，不得再用這句話，因為其中隱含了不健康的組織文化。

所謂的不健康，是指主管對自己沒信心。理論上，主管是按照自己的判斷去執行與推動各項工作，就算是按照我的決策去執行，這也代表了他認同這項決策，因為如果他不認同，他要據理力爭、抵死不從，這才是一個負責的主管。因此一旦他接受我的指示，那就代表他也認同這項政策，直接公告即可，不需要假我（執行長）之名。指出我來的好處，無非「挾天子以令諸侯」，讓所有人不敢反對。

換句話說，如果沒有我的指令，主管直接動起來，恐怕窒礙難行，這代表他對自己的權威及溝通協調的能力沒信心。

主管的信心還只是小事，更大的問題，可能代表我的公司中充斥著「跪接聖旨，皇上聖明」的組織文化，大家以「執行長」的指令馬首是瞻，乖乖的接受我的意見，所以只要加上「奉執行長指示……」一切都好辦。想到這種可能，我一身冷汗。

我一向不相信一人的英明，而相信組織集體決策的制衡與判斷；尤其我自己更無雄才大略，一旦組織對我的意見只會「跪接聖旨」，那絕對會是個災難，因此我一定要禁絕這種「跪接聖旨，皇上聖明」的組織文化。

我知道我的強勢作風讓公司文化生病了，讓大多數人不敢反對我的意見，雖然還有一些人敢當眾反對我，但已經變成少數。所以大多數人選擇聽話，而不是參與討論、提出自己的判斷。

我需要昭告周知，大家可以針對我的意見、想法提出反對，而且只要反對有理，絕不秋後算帳；如果經過充分討論之後，證明我的意見是「餿主意」，我也可以接受別人的意見。甚至我應該找機會肯定與獎勵那些勇於表達不同意見的同事，這才能充分表現我察納雅言的誠意。

我回憶公司從小到大的成長過程，過去我確實有時間與同事們充分討論，許多當年曾經反對我，甚至與我公開拍桌子反對的同事，現在仍在公司中任職。只是最近幾年，組織變大了，事情變多、變雜了，而我的耐性也變低了，許多的決策往往沒有經由充分的溝通及討論，就由大家順著我的意見做成決議，這應該是形成「跪接聖旨，皇上聖明」組織文化的原因。

組織變成「跪接聖旨，皇上聖明」的一言堂，絕對是災難的開始，因為有能力的人不甘為應聲蟲，必然選擇離開。而留下的人沒有判斷力，決策過程完全喪失集思廣益的功能，最高決策者在不知不覺中變成一介「獨夫」。殊堪鑒戒。

後記：

❶有的主管反映，直接傳達我的指令，只是避免爭議，快速執行。我反對此一說法，我的指令也可能窒礙難行，如因此而阻絕討論，即可能犯下大錯。

❷「跪接聖旨，皇上聖明」反映的不是對領導者的忠誠，而是諂媚，必須禁絕。

84. 不得比照、比較、援例辦理

人都會比較，比較之後，對我有利的事，就會想比照辦理，組織裡的比較、比照，更是必然。作為領導者，一定要冷靜的處理內部的比較與比照。

我的經驗是，確立不得比照與援例辦理的原則，每一個人都是獨立的個體，為自己的行為負責，不能比較，也不能比照。

一個主管提出了一項員工旅遊計畫，由於其整體績效並不明顯，我退回了他的簽呈。這位主管希望挽回，找我溝通。我問他：你的單位績效，不足以支持旅遊計畫，你為何還堅持要做呢？

他回答：因為另一個單位也有旅遊計畫，雖然我們的績效不如那個單位，但差距也有限，所以我們認為應該也可以「比照」辦理，這樣才公平。

我終於知道問題出在哪裡，組織內的比照與比較心理，是這個主管人在江湖、身不由己的真正原因。

我回答他：

一、組織內沒有「比照」原則，每個單位都是獨立營運的個體，情境不同，做法可參考，但不得比照、援例辦理。

二、你提出旅遊計畫，要舉證你內部足夠而充分的績效理由，而不是別人做，我們比照。

三、你要比照，那我就「比較」一下你們兩個單位的差距：表面上兩個單位的獲利相差不多，但實際上他們的體質比你們好很多，單一員工的生產力比你們高很多，所以兩個單位其實有很大的不同。

看看別人，想想自己，這是人與人之間的「比較」常情。見賢思齊，見不賢而內自省，這是健康的比較。可是在組織中，大部分的「比較」都藏著負面的情緒，也往往是選擇性的「比較」，只「比照」對自己有利的事：加薪、福利、放假……，都要比照，而那些對自己不利的事，就當作沒看見。

所以在組織中，我一向堅持不得比照原則。每個單位都是獨立營運，自負盈虧的個體，除了基本的薪資、福利有共通性的標準外，其餘一概「豐簡由人」，好的單位穿金戴銀，壞的單位勒緊腰帶，都是常見的事。因為這些都是反映整個單位的工作成本，比較只會傷心，更不可比照。

個人亦復如此，每個人為自己的工作成果負完全責任，不要問主管：「別人為何薪水比我多五千？」也不要問：「同時進公司的那位同事，為何可以升官，而輪不到我？」

如果被問到這種問題，我的答案是：別人的薪水與你無關，別人加薪升官，不代表你也會加薪升官。如果你覺得你應該加薪，請舉證你的工作成果，我很樂意聽一聽。也的確有人在陳述完自己的貢獻後，我立即同意加薪，並向當事人道歉，因為我沒注意到他的工作表現。

公平、客觀的評價每一個單位、每一個工作者，並給予對應的回報，是組織該做的事；橫向比較的公平性，也是上層主管該注意的事，但絕不是當事人爭取福利的理由。我花了很長的時間，確立組織內不得比照、不得援例辦理的規則，也確立各營運單位間營運獨立、豐簡由人的組織評價文化。

所以，如果你想向公司爭取什麼，請告訴我，你替公司做了什麼？而不是問我：為何別人有，而我沒有？

後記：

❶遇到員工用比照來要求時，我的態度是：要比照就要先比較。我會比較雙方的差異、情境與績效，當然最後的評斷者是老闆，經過仔細比較之後，比照和援例通常無法成立。

❷在組織中確立不比照原則，是組織安定的先決條件，也確定各單位之間的差異，讓單位間無從比較。

85. 功高不會震主

好的領導者可以不玩辦公室政治，但不能不懂。可是，也不能被誤導，功高震主就是一個似是而非的說法，但事實並非如此。

一個讀者在我部落格上私密留言：他是一間知名科技公司的部門主管，他的部門近幾年績效極佳，是公司裡最賺錢的單位，他個人也受到公司極大的肯定：升官、加薪都不在話下。

可是他卻隱然察覺，他的直屬主管——集團副總，似乎與他越來越疏離，有時候似乎還刻意打壓他，他問我：這是不是功高震主？他該怎麼改變這種狀況？

我不知道是不是因為宮廷歷史劇看多了，「功高震主，兔死狗烹」變成中國人耳熟能詳的劇情，連帶的也用同樣的邏輯來看職場。我已經不只一次被問過類似的問題，言下之意，工作者除了會做事之外，還要會韜光養晦，還要會明哲保身，否則都不會有好下場！

我是不相信這種說法的，功高不會震主，功高只會讓上級主管更加光彩。哪一個主管不希望有能幹的部屬？主管都希望能幹的部屬有好表現，這樣才會彰顯自己的光彩。功高對上層主管而言絕對是好事，會讓上級主管的職位更穩固、權力更擴張，沒有人會與功高的部屬為敵的。

這是合理的組織生態，也是健康的組織生態。可是為什麼確實有許多戰功彪炳的主管被撤換、被冷凍，沒有好下場呢？而功高震主又變成最簡單的說法。

其實，中間有許多劇情被省略了。功高無罪，但是功高之後，難免使當事人自傲、自滿、自以為是，這是功高之後的第一個後遺症。接著誇大了自己的功勞，低估了別人的協助，目無尊長，對直屬長官輕忽怠慢，這是功高之後的第二個後遺症。這個時候，如果績效還能維持，上級主管對功高者還會忍耐，因為沒有人會與「搖錢樹」為敵。

目無尊長之後，功高者就會逐漸脫離指揮系統的掌握，對長官的命令意見紛陳，對長官的決策陽奉陰違，甚至自作主張。其間如果沒發生意外，表面的和諧尚可維持，可是一旦有事故發生，功高者對組織的後遺症就會表面化。

好花不常開，明月不常圓，一旦時空變異，績效降低，功高者的災難就降臨了，只不過所有的當事人都會略去自己自滿、自大、放言、妄為的劇情，用一個

「功高震主」的簡單劇情，把所有的高層主管貶為狹隘量淺的小人，把自己塑造成悲情的受害者。

所以功高者絕不可以忘了我是誰，迷戀在成功的光環中；更不可以獨攬功勞，目無上級長官的存在。一旦你的成果，不能歸結成上級長官的績效，你就喪失了被長官愛護與支持的理由。

我不否認，組織中也會有氣量短小的上層長官，但一般而言，功高不是震主賈禍的充分條件，自大、自滿、妄言、非為、目中無人，才會震主，才會賈禍，功高者不可不察。

後記：

❶功高震主，當然可能存在，只是大多數的劇情是當事人做了不正確的事，導致主管反彈。

❷功高者如能敬天畏人、虛懷若谷，自可持盈保泰。

86. 只動口，事情不會改變

高階領導人如果指揮成習，慣於動口，有時候會出現事情無法解決的盲點，因為團隊不會做，或者做不來。這時候領導者就必須挽起袖子，親力親為，因為「只動口，事情不會改變」。

一個年輕人在北京開咖啡店，很熱心邀請我前往參觀。這個咖啡店不論在概念、陳設、商品組合，確實有其新意，完全是國際級的開店水準，目前雖然還在市場開拓階段，但未來前景可期。

為了要給這位年輕人一點意見，難免要吹毛求疵。我發覺這個店臨街是落地玻璃窗，或許是因為中國永遠是個大工地，玻璃窗上有一層灰塵，從外向裡看，看不出這個店的乾淨、清爽、亮麗。於是我建議老闆，應該把落地玻璃擦乾淨，才能突顯咖啡店的特色。

老闆告訴我，北京的環境太差了，很難維持乾淨，而且幾乎所有的店都是如此，他的店已經是比較乾淨的。我回答：正因為如此，如果你的店窗明几淨，那一定非常醒目，很容易得到認同。

幾個月之後，我再度與人約在這個咖啡店談事情，發覺落地玻璃有比較乾淨，但離臺灣的水準還差很遠。我告訴老闆，玻璃窗還是不夠明亮，老闆無奈的說，他已經講了許多次，但中國員工的工作水準就是這樣。似乎他已盡力，卻無可奈何。

故事到此結束，我不宜再多說。但這是典型的職場案例，經營者在組織中會面臨各種問題，想要改變、必須改變，公司才有前途，可是如果領導者只動口，那麼事情永遠不會改變。

如果領導者只動口，事情就會完成、就會改變，代表這個團隊是訓練有素的高績效團隊，這是團隊的理想境界。很不幸的，大多數的組織、大多數的團隊，都有缺陷、都有不足，都還在學習中。因此，面對問題時，領導者只動口，很可能團隊不會做，或者做不到，這個時候，說再多次都不會有用，只會增加團隊內的嫌隙，也突顯領導者的無力與無能。

最有效的方法，就是主管拿出本事，親手示範一次；如果主管夠專業，還必須將這套方法流程標準化，讓團隊可依循學習。當然，如果示範一次不夠，兩次、三次都可能是必要的。主管親力親為、做出示範、找出方法，然後要求團隊一體遵循，這永遠是領導者用以解決問題的最有效方法。

大多數的領導者是從「動手」的工作者，升成「動口」的主管，可是有些主管「動口」久了，忘了「動手」的方法，變成毫無解決問題能力的主管。當然也有空降而來的主管，對團隊能力的理解不夠，一旦團隊的執行力不足，就變成只會「動口」，但面對問題束手無策的主管。

而最不可原諒的主管則是：有能力、會做，但卻自恃身分，身段很高、彎不下腰來，不願和團隊同甘共苦，只知羅列團隊的不是。這種主管最後一定眾叛親離，自絕於組織，自絕於團隊。

「動口」是領導者擁有高效率團隊的最高境界，這是領導者長期投入訓練與關心，團隊達成共識與訓練有素之後的獎賞。但就算如此，領導者在必要時也要能「動手」解決問題，動手的能力與心態永遠不可忘記。

後記：

❶領導者要會動口，也要會動手；在關鍵時候絕不可自恃身分、擺架子，要能體諒團隊的困難，要一起同甘共苦。

❷有時候領導人的動手參與，只是代表心意，雖未必有具體的效果，但可激勵人心，讓大家都全力以赴。

附錄：（本文摘錄自二〇〇四年十二月《經理人月刊》創刊號）

演好八角
不愁沒有掌聲

令狐沖有獨孤九劍，
練成九劍，刀槍棍棒斧鉞鉤叉樣樣能破。

主管有八種角色，摩西、動物園園長、
指揮家、教練、工頭、裁判、神父、聖誕老人，
演好八角，領導上的疑難雜症也無堅不摧、無敵不克。

主管的第一種角色：摩西

託付、信賴、追隨

學習型組織管理大師彼得．聖吉（Peter M. Senge）說：「如果有一項領導的理念，幾千年來一直能在組織中鼓舞人心，那就是一種能夠凝聚、並堅持實現共同的『願景』，那是一種共同的願望、理想、遠景或目標的能力。」

摩西能夠獲得新一代以色列人的信賴，帶領他們抵達有河、有泉、有小麥、石榴樹的流奶與蜜的迦南美地，就是因為他懂得如何向人民訴說願景，而且獲得大家的信賴，願意追隨左右。

在管理實務裡，一個主管如果能夠像摩西一樣，員工就肯為你打拚，就可能讓組織形成獨特的文化，就能將集體的力量化為成功的動力，大大超越競爭對手。

曾在銀行、投信、創投三大領域工作、時任中星資本董事總經理的丁學文說，一個好的主管必須比員工看得更遠，不但要告訴員工願景，到達主管現在的位置，更重要的是教導員工如何超越自己。

成功，補強心理成就

從親身的工作經歷中，丁學文體認到，現在的主管跟以前不一樣了，不應只是告訴員工循著自己的腳步，一步一腳印，就會達到自己的境界，這種舊的管理思維，早就過時，很難說服新世代的員工了。

丁學文認為，在變化越來越快的資訊時代，主管要明白地告訴員工產業的廣度、深度，身處的行業五年或十年後會怎麼走，年輕的員工如何努力可以達到你現在的位置，而且可以符合未來產業的需求。

每個主管處境不同，領導風格各異，最根本的是，要協助員工找到願景、方向，對內爭得資源，對外找到機會。丁學文說：「主管清楚的向員工訴說願景，才能贏得員工的信賴，進而追隨，共同創造成功。」

以業務部門而言，丁學文主張，業務單位業績壓力大，你要給他願景，補強他的心理成就，如人脈會增加、應對進退會進步、表達能力會進步等，重要的是要有一套很棒的獎勵方法，讓同仁有努力的物質目標，雖然業務部門比較辛苦，但比別人更容易達到物質的目標。

丁學文經常都在思索如何說服員工，他經常用自己親身經歷的失敗故事，贏得員工們的信賴。他說：「主管示弱並不表示就是一個失敗的管理者，而是要讓員工感同身受，認為主管也會犯錯；我就是喜歡示弱，會把以前做業務被拒絕，以及投資失敗的經驗跟員工分享，讓他們可以從我的經驗中，避免我犯過的錯，結果反而獲得他們更多的肯定。」

當年丁學文由銀行轉投信，前兩年是研發部門，後來才轉業務部門，當時業務同仁的學歷都不高，員工士氣低落，他就藉機告訴同仁一個自己做業務的故事。

他說，「十幾年前，我的學姊告訴我，美國前五百大企業的CEO大都是業務出身的。而台灣重視後段製造，優秀的人才都去擠製造，我們去做業務，反而有更好的機會；我的學歷比你們都高，我都願意做，你們有什麼好害怕與擔心的？」

這番動人的故事、明確的願景，果然激勵業務部門同仁追隨的動力，團隊業績也蒸蒸日上。今天丁學文從事創投工作，每天都在尋找值得信賴、追隨的創業團隊，白話的說，就是具有高成功機率的創投個案。（撰文／陳昌陽）

主管的第二種角色：動物園園長

組成多元化的團隊

當有一群人願意追隨你，接下來最重要的事，就是從這群追隨者中選出適當的人，把專長不同的人組合成一個團隊。

就好像動物園園長一樣，不只在園裡餵養獅子、老虎、熊等兇猛動物，也要有大象、長頸鹿等，甚至要有金絲雀、雉雞、野鴨等飛禽，整個園區的內容才精彩，才能吸引顧客上門。

企業主管跟動物園園長一樣，不是只用最優秀的人，團隊裡要有平庸的人，願意付出苦勞；甚至要能容忍資質比較差的人，因為每一個人在組織內扮演的角色各有不同，多元化的吸納人才，才能建構出具特色、競爭優勢的團隊，是主管勝出的第二要件。

如果員工屬性過於一致，會有什麼盲點？曾任台灣惠普董事長、現任悅智全球顧問董事長黃河明表示：「那會使得企業沒有能力處理特殊狀況，容易因反應不良而產生調適問題，企業最好能聘請不同專長和技能的員工，藉由多元背景幫公司增強抵抗力。」

用乘法代替加法

問題是，新任主管招募新手時，由於經驗不足，容易尋找與自己屬性接近的人才，使得團隊同質性高。為避免這種情形，黃河明建議：「關鍵就在開竅，當主管要想通，找到五個人不能只做自己能力五倍的事，要能發揮綜效相乘的效果。」

黃河明回憶，在惠普時，曾有一位工程師因解決電腦程式問題特別傑出而升上主管，但當他領導服務部門時，他發覺對電腦很懂的人，不見得能處理好人際關係，這時若能有幾位對電腦雖不是那麼專精，但在面對客戶著急、生氣時，能有效化解緊張場面的人才，就變得非常重要。

除了用不同背景的人，讓同一個人有不同背景歷練，也是一種不錯的方法。黃河明指出，有一位行銷長才在惠普賣產品時非常出色，但是在工作八年後感覺倦怠，績效每況愈下，這時惠普讓他轉換跑道，改當校園經理，去推廣學校教育，由於符合他本身的價值觀，使得他在新領域又恢復出色表現。

專業能力與個性都要互補

至於有沒有所謂最佳團隊模式，也就是一個主管底下有哪些人才組合最為理想？黃河明認為，應該考慮「專業能力互補與個性互補」。有電腦人才也要有人際處理人才，有會衝的人也要有會守的人，團隊能互相截長補短很重要。

而不同個性和專長的人在一起，如果產生不愉快，該如何處理？黃河明底下曾有兩位績效傑出人才在同一單位共事，但是在互爭第一之下彼此很不愉快，有嚴重「瑜亮情結」，他的做法是把兩人分開，不必硬為了團隊要有多元性而製造紛爭，結果這兩人在不同部門都找到空間。

對動物園園長來說，他的團隊裡，有吃苦耐勞的駱駝、會飛的梟鷹、能衝的老虎，也有機靈活潑的獼猴；相形之下，養雞場場主則每天擔心一次雞瘟讓他的雞群全部生病，虱目魚養殖場老闆也怕寒流來襲，讓他損失無法估計。你想當哪一種主管呢？（**撰文／盧懿娟**）

主管的第三種角色：指揮家

分工設職，協調合作

指揮家是讓樂團合奏出美妙樂章的靈魂，只要他一有閃失，演奏出來的音樂就會荒腔走板，不論這裡面有多少演奏高手，美麗的音色都沒有辦法獨自表現出來，這就是指揮家的重要。

把指揮家的概念，應用在主管這個職位上，代表的是團隊整合、分工設職，群體能和諧運作，每個人各安其位，把組織的力量發揮到最大。工作者與主管有一個很大的差異，「工作者是領取自己業績表現的薪水，主管是領取整個團隊的薪水」。

曾任野村證券公司副總裁的李祖堯，早年替華碩電腦發行海外存託憑證（GDR），深獲華碩董事長施崇棠肯定，挖角到華碩擔任財務長（CFO）。五年級前段班的李祖堯，是一個工作狂，講話像機關槍一樣，速度超快。一九九八年八月之前，他奉派兼任華碩蘇州總經理重擔，從一個內勤的管理者，變身為指揮海外開闢疆土的大將軍，財務長兼海外基地總經理。

分層授權，各司其職

華碩在蘇州的土地多達八百八十畝，有八十二個足球場大。李祖堯負責管理蘇州六家工廠二十四小時的生產運作，五年來員工人數從三百多人增加到三萬五千人，人力增加百倍；營收從一千多萬美元增加到近四十億美元，增幅高達四百倍。

金融財務背景的李祖堯，跑去管理工廠，數字、財會能力強，幫了他很大的忙。為了貫徹命令，李祖堯會先把施崇棠給的營運大方向，轉化成容易瞭解的數字及目標，然後再授權給管理階層，透過經理級、廠長等幹部去執行任務。

一天只睡四小時，工作二十小時的李祖堯表示，要管理這麼多的人，光靠體力是不夠的，老闆只能定大方向，不要管很細的事，否則肯定會累死，大家要分工合作，下面的人要管他該管的事，唯有透過組織的指揮體系，才能把效率激發出來。

那五年，華碩每天都在擴廠，產能直線上升，二〇〇三年，蘇州廠占華碩營收比重已達三分之二。李祖堯特別強調分工設職的重要性，每一位招募進來的員工，公司會依不同專長給予適當的職位。

在這麼一個高成長團隊裡，李祖堯講求團隊戰力整合，他花很多時間向主管們灌輸公司的策略，他希望每一個同仁都知道自己扮演的角色，清楚的知道下一步要做什麼。譬如說，在規劃新廠房及生產線的擴充計畫案時，每位同仁都會把未來擴充性的問題一併納入考量，把一些未來需求先計算進去，下一次，新廠或生產線擴充時，速度快又節省成本。

戰力合一，事半功倍

在台灣估計要七天才能完成的舊廠搬新廠工作，在李祖堯指揮、蘇州廠同仁上下齊心協力之下，硬是一天就完成了。李祖堯也曾創下設備移入十二天，良率達百分之九十九的紀錄。李祖堯指揮家的角色，不僅在對內管理上，也應用在對外事務上，他主導華碩和蘇州海關合作，以非對立的立場和海關溝通，雙方建立互信，改以電子報關，節省時間和工作。

李祖堯很自豪的說，一九九八年公司有三十多人在做進出口業務，還忙到三更半夜；五年後營收增長四百倍，員工增加不到一成，還可以準時下班。李祖堯用實力證明，非技術研發出身的人，一樣可以做很好的ＩＴ指揮家。（撰文／陳昌陽）

主管的第四種角色：教練

設定目標，示範教導

熟悉運動的人，一定都清楚一支冠軍球隊除了優秀球員之外，教練更是其中的靈魂。就像兩度三連霸的芝加哥公牛隊，除了有籃球之神喬丹坐鎮之外，總教練菲爾・傑克森（Phil Jackson）對球隊的訓練與領導也是功不可沒。

企業的工作團隊也像一支球隊，主管就是球隊的教練，也是員工職業生涯的導師。好的主管應該要鼓勵員工發表自己的意見（甚至發牢騷），從中知道員工所欠缺與不足之處為何，並給予必要的協助和教育，這是教練的真義。

有效的指導包含口頭教導、實際操作與示範，重要的是訓練過後要讓員工變得專精且獨立，盡快讓他們能為你代勞，能在督導下獨立完成交辦的任務，這才是一個成功而且有效的訓練。

主管要怎麼去扮演一個好教練呢？曾任十大傑出青年基金會副執行長林琦翔認為，要先釐清教練這個角色的主要面向。

宏觀眼光，因材施教

在他看來，一個球隊的教練基本上要做的不外乎是訓練和領導團隊、協調和指導球員，並且盡力達成目標、爭取勝利。所以如果以球隊的教練來比喻主管，他認為主管除了對專業知識和組織狀況要夠瞭解之外，首先一定要具備激勵士氣的技巧，懂得適時的利用言語或是肢體動作去激發員工的勇氣與熱誠，才能讓員工從容不迫面對挑戰。

除此之外，林琦翔指出好的教練型主管，還要具有宏觀的眼光，以及因材施教的指導能力。有宏觀的眼光，才可以綜觀全局、擬定戰術和策略。有因材施教的能力，才有辦法因應團隊內的個人差異，用不同的方式指導不同個性、能力的員工，讓員工發揮最大的才能。

千萬不要自己下去比賽

不過林琦翔也提醒主管在扮演教練的角色時，有幾件事必須特別注意。他強調，一個好教練千萬不能自己跳下去比賽，這樣會讓團隊失去領導核心，而且不能說一套做一套，必須以身作則才能建立領導的威信。「這就像說你叫球員比賽前一天不能喝酒，結果自己卻跑去喝，對球員就是不好的示範，也會影響球員對你的信任。」林琦翔說。

林琦翔也發現，有的教練型主管很容易變得事事都要教、都要管。林琦翔笑著說，像他認識某一位好為人師的出版業高層主管，花很多時間去教編輯注意修辭和文法，就是失敗教練的典型例子。他認為主管要成為一個優秀的教練，除了傳授必要的知識，有時也必須讓屬下有自由發揮的空間，才能激發他們的潛能，促進團隊的成長。

事實上，如何領導團隊一直是許多主管最頭痛的問題。如果主管能夠把自己當作教練，利用教練的概念來領導團隊，不失為一個有效的管理方法。

想要提升團隊的凝聚力與戰鬥力嗎？學著當個好教練吧。（撰文／鄭君仲）

主管的第五種角色：工頭

有效執行，達成任務

工頭這個角色代表的是「執行力」，是當今企業一致追求的目標。「執行是企業領導人的首要工作」，《執行力》（*Execution*）一書中點明，具有強大執行力的工頭型主管，是企業獲利的先決條件。

微利時代的降臨，連大型企業的獲利率都只能在一、兩個百分點間掙扎，在這種嚴苛競爭條件下，每一個流程的控管都必須絕對準確，才能擠出獲利空間。

精準預測財務數字

在職場闖蕩三十多年、時任三星科技總經理的吳順勝，一九八二年在公司發生財務危機時，臨危受命出任財務長，一個三十五歲的年輕工頭。

早年，三星創辦人李淵河發明台灣第一套自製螺帽成型機，威名遠播國際，眾多專利讓三星快速發展成全球最大螺帽製造廠商，帶動台灣螺帽工業蓬勃發展。一九八二年李淵河轉投資房地產失利，三星跳票。當時年營收七億元，負債卻高達十四億元，往來行庫三十三家，各家虎視眈眈，三星危在旦夕。

臨危受命擔任財務長救援角色的吳順勝說，當時三星本業經營非常好，只因大股東財務管理不善，才讓三星的財務被拖累。他以三星優質的本業發展為基礎，四處奔波求援，並獲得當時經濟部長趙耀東力挺，協調銀行團的協助，才免於破產的命運。

吳順勝成了與銀行團溝通的最重要管道，為了讓銀行團放心，他主動邀請銀行團來查帳，把三星的財務數字全部攤在銀行團前，另請國際性會計師事務所審閱財務報表，誠實的面對債權人，贏得重整的第一步。

為展現還款的誠意，吳順勝向銀行團承諾「每三個月製作一份單季財務預測」。接下來，他就開始扮演工頭的角色，要求會計部門的同事，必須深入瞭解整個公司的運作，從人力資源、生產線、接單、採購、出貨等，全都要掌握清楚，務必讓財務預測數字達到高準確度。

吳順勝以高執行力，取得銀行團的信任，四年內就讓三星轉虧為盈。

嚴格控制人事與生產成本

二〇〇〇年，在鋼鐵最不景氣，三星陷入經營困境時，吳順勝再度被委以總經理重任，再扮工頭角色。

上任後，吳順勝有步驟的體檢公司核心競爭力，推動利潤中心，實施產品差異化，加強流程與製程管控，人事政策遇缺不補、退休不聘，雇員由一千兩百多名降為八百多名，薪資支出、勞健保及退休金的提撥也相對大幅縮減。

種種嚴控人事成本及生產成本的做法，配合三星扭轉以生產低價的普通螺帽的劣勢，轉進生產高附加價值的特殊螺帽，再透過OEM（代工製造）方式，賣給大汽車廠。短短一年的時間，三星由二〇〇〇年每股虧損一．四六元，二〇〇一年就轉為每股獲利〇．三三元。吳順勝以事實證明，自己寶刀未老，三十年來都是最佳的工頭。（撰文／陳昌陽）

主管的第六種角色：裁判

分辨是非，排難解紛

三對三籃球鬥牛賽開打，雙方你來我往，爭戰激烈，裁判哨音突然響起，語氣堅定地指著穿著十三號球衣的人比出「惡意阻擋犯規」的手勢。這是我們常見的籃球比賽實況，維持球賽公平進行的裁判，總能快速的回應球場內的各種狀況，給予做錯事、犯規的人，適度的懲罰。

當員工違反組織規定時，《經理人有效指導》（*Effective Coaching*）作者馬歇爾・庫克（Marshall J. Cook）認為，主管處理的第一原則是「對事不對人」。制裁應公平，錯七分者罰七分，錯三分者罰三分，只有即時、公平處理，員工才會心服口服。

主管的「裁判」角色在於體貼員工感受，又能公正維持組織紀律。但維持紀律並非把爭議雙方「各打五十大板」，而是找出犯規的根源並加以改變。

世紀奧美公關創辦人丁菱娟指出，當組織剛形成時，運作機制尚未建立，靠的是主管的主觀管理，這時如果要把權威強加於員工，常會使企業與員工兩敗俱傷。

在剛開始擔任主管時，她就曾有這種挫折的「裁判」經驗。

當時有一位專案經理和副總經理之間存在歧見，為了化解糾紛，丁菱娟把兩人找來面談，要求雙方互相道歉，但兩人堅持不肯。最後專案經理離職，也一併帶走客戶。丁菱娟認為當時只想當好人，急著分出對錯，卻忽略問題的根本和客戶的意見。其實只要把當事人的工作錯開，加重專案經理的權限，就可以保住人才，留下客戶。

各打五十大板等於沒打

此後，丁菱娟不再強勢仲裁，而是讓員工學習自我管理。她舉例，曾經公司有兩位主管，一位嚴格要求屬下上班必須穿套裝配包頭鞋，以展現專業；另一位則認為，工作已經非常辛苦，何不讓下屬穿得輕鬆自在？個性開朗的丁菱娟其實比較偏好後者，但她也清楚前者的堅持並沒有錯。她沒有介入，而是耐心等員工自己找出平衡點。

有一天，丁菱娟聽到一段對話。「我發現客戶好像比較常看著你說話，」穿著輕鬆的員工對穿著套裝的同事抱怨，「是啊，你穿得很可愛，可是客戶好像覺得穿套裝比較專業，對不對？」丁菱娟加入了對話，穿著輕鬆的員工也認同的點點頭。慢慢的，這兩組員工的穿著開始互相模仿、影響。

從判輸贏到促雙贏

「我的原則很簡單，就是讓客戶覺得專業，」丁菱娟認為，如果每件事都要弄出非黑即白，組織就會缺乏創意。主管只要適時並清楚表達自己的價值觀，就會與下屬慢慢建立默契，同儕間也會形成制衡力量，最後組織會自然形成一套運作機制。丁菱娟強調，主管和下屬是「夥伴」而非「從屬」關係，要避免做出「輸贏」的判斷，而是利用溝通，設法造成「雙贏」。

後來遇到員工意見不合，丁菱娟也會放下權力，適時讓客戶客串裁判。「主管不是上帝，怎麼能當裁判決定輸贏？」丁菱娟笑著搖頭，她不硬當裁判，卻把裁判的任務執行得更到位。（撰文／陳芳毓）

主管的第七種角色：神父

溝通傾聽，告解指引

執行告解聖事，傾聽教友心聲的人，我們稱之為「神父」。神父不只接受懺悔，他更能深入瞭解教友的家庭及個人問題、舒緩教友的壓力、提供適時的幫助。

神父的角色，對照現在的企業主管，就是能夠傾聽員工的心聲、接受員工的抱怨與告解，進而能與員工溝通，為員工解憂愁。

鼓勵發言，認真傾聽

溝通是管理最重要的課題之一，要讓員工主動開口說話，把內心最真誠的話講出來，可不是一件容易的事。時任摩根富林明證券副總經理的董俊男認為，當主管跟同仁還沒有取得信任之前，同仁們普遍認為，跟自己的老闆（頂頭上司）講實話，可能會得罪老闆，從此被列入黑名單。

打開員工的心窗，需要花很大的工夫才會收到成效。董俊男舉自己的經驗為例，他會先灌輸員工「同舟共濟」的觀念，「公司是大家的，大家是一起的，你們好，我就好。」道理雖然簡單，但若主管不主動說出口，員工還是很疑惑的。

接著，他開始營造一個「員工願意把意見表達出來」的環境，其中包括正式管道及非正式管道兩種。董俊男對同仁宣布，同仁提出的意見，都只對事不對人，「負面不記錄名字，好的才記錄名字」，再往上層報，反應給高層處理，同仁的提案，都會給予合理的解釋，在沒有結果之前，每件提案都要列入追蹤。在公開場合裡，董俊男會以身作則率先提案，並把提案內容製作成正式文件，向高層提出正式的建議，用行動證明自己很願意跟大家站在一起；「如果有個人決策上的錯誤，我一定會公開道歉」，尋求同仁支持改善。

從基層業務員一路爬升的董俊男，很清楚的告訴自己「要培養一個優秀的同仁很難，要壓他可是很容易。」他告訴同仁，當開會發生爭執時，「我一定不會用權勢去壓抑你們，你們也不會被定罪、貼標籤，」鼓勵大家暢所欲言。

雖然董俊男很努力建立溝通管道，但初期溝通效果並不好，他轉而利用非正式管道溝通。利用跟員工外出洽談業務吃飯時刻跟員工輕鬆聊天，把自己的心聲故事說給員工聽，營造信任的氣氛，也傳達自己想多瞭解同仁的想法，鼓勵員工以電話、電子郵件等各種管道發聲。

慢慢的，大家建立互信後，員工私下會把自己的意見表達出來，如獎金、升遷、薪水等各種問題。董俊男說，這些透過非正式管道表達意見的員工會發現，他的意見老闆都聽到了，而且沒有任何後遺症，日後，他們就勇於在公開場合裡發表意見，雙向溝通氣氛逐漸形成。

這些工作看起來很簡單，但要傾聽同仁心聲，引導同仁說出內心話，真的是很難，董俊男花了三至六個月的時間，才看到成效。當同仁願意發出內心聲音時，董俊男很欣慰的說：「同仁把問題講出來，公司才有機會處理，把阻力化為助力，也可以幫忙員工紓解壓力，讓公司變得更好。」（撰文／陳昌陽）

主管的第八種角色：聖誕老人

即時獎勵，公平分餅

每年聖誕夜，小朋友都會把長襪掛在煙囪下，等著聖誕老人一年一度的禮物。

把聖誕老人搬到現實世界，跟企業發年終獎金、紅利、論功行賞的場景一致。對組織有傑出貢獻的人，得到獎賞當然多了；表現持平的人，則獲得一定的獎勵；表現不佳的人，可能連一毛錢都分不到。

拉大高低薪酬差距

曾任惠悅管理顧問公司中華區總裁的黃世友，年輕時曾是化學公司人力資源主管，上班第一週，廠長要求他針對提高產量、改善出勤狀況、維持廠房井然有序等管理問題，設計一連串的獎金辦法。

當時，黃世友雖然資歷尚淺，但對這樣的要求，提出疑問：「如果憑藉著一些獎金辦法就能夠對員工產生驅動力，那麼為何還需要這麼多的各級工廠主管？」

「獎酬只能以『正義』之姿合理反映個人在工作崗位上的付出與成果，卻無法成為長期驅動員工進步的手段。」黃世友認為，金錢報酬是管理的一部分，不是全部；但企業要留住人才，仍需設計一個有對價的獎勵制度。

黃世友舉ＩＣ設計公司為例，每一位研發人員的天分不一，產出的品質差異極大，薪資結構需有很大的差異，基本薪資（以能力、身價定）的部分，如果平均調薪百分之四，績效在前面五分之一的員工調幅應達百分之十，一般員工約百分之二，其他落後組則不調整；其他紅利、股票選擇權也都應以同仁的貢獻度作為發放標準，拉大高低薪酬差距，才能真正獎勵到對公司有貢獻的員工。

當然，這也要考慮個別產業的薪酬差異，不同職位的市場供需，甚至要把同業挖角的人才重置成本（replacement cost）考慮在內，以免執行新的獎勵制度後，出現員工大幅流失的後遺症。

獎酬不應取代管理

他另舉一個公司把業務人員的薪酬設計成百分之十本薪，與百分之九十獎金的特例，這樣的制度一時間固然可以吸引追求高報酬的「傭兵」加入，然而當公司業務面臨瓶頸時，這群「高獎金」追逐者，亦將斷然拂袖，另謀「高」就，使公司陷入營運空窗期的危機。

獎酬不應取代管理，它只是達成管理目標的工具之一。妥善運用獎酬制度，面對面與員工真誠溝通，一起訂定目標，瞭解「為何而戰」，引導往對的方向前進，清楚明白合理的獎酬範圍（如加薪幅度為百分之三，員工就不應該有百分之八的期望）。

獎酬制度還牽涉到職務的晉升、直接公開表揚、專案分配，及員工訓練安排等，這些有關獎勵、資源分配及訓練的事項，也是很重要的獎酬制度之一。獎酬要即時，但千萬別淪為酬庸的工具，一旦喪失公正性，反而容易成為公司的負擔。

（撰文／陳昌陽）

新商業周刊叢書BW0679C

自慢2：主管私房學——小職員出頭天
（2018年終極修訂版）

國家圖書館出版品預行編目（CIP）資料
自慢2：主管私房學——小職員出頭天（2018年終極修訂版）／何飛鵬著. -- 三版. -- 臺北市：商周出版：家庭傳媒城邦分公司發行, 2018.07
面； 公分. --（新商業周刊叢書；BW0679C）
ISBN 978-986-477-473-9（精裝）
1. 職場成功法
494.35 107007869

作　　者／何飛鵬
文字整理／黃淑貞、李惠美
責任編輯／吳依瑋、鄭凱達
文字校對／王筱玲、吳淑芳
封面設計／劉　林、萬勝安
版　　權／翁靜如
行　　銷／林秀津、周佑潔
業　　務／莊英傑、黃崇華、王瑜

總 編 輯／陳美靜
總 經 理／彭之琬
事業群總經理／黃淑貞
發 行 人／何飛鵬
法律顧問／台英國際商務法律事務所　羅明通律師
出　　版／商周出版
臺北市104民生東路二段141號9樓
電話：(02) 2500-7008　傳真：(02) 2500-7759
E-mail: bwp.service @ cite.com.tw
發　　行／英屬蓋曼群島商家庭傳媒股份有限公司　城邦分公司
臺北市104民生東路二段141號2樓
讀者服務專線：0800-020-299　24小時傳真服務：(02) 2517-0999
讀者服務信箱E-mail: cs@cite.com.tw
劃撥帳號：19833503　戶名：英屬蓋曼群島商家庭傳媒股份有限公司城邦分公司
訂購服務／書虫股份有限公司客服專線：(02) 2500-7718；2500-7719
服務時間：週一至週五上午09:30-12:00；下午13:30-17:00
24小時傳真專線：(02) 2500-1990；2500-1991
劃撥帳號：19863813　戶名：書虫股份有限公司
E-mail: service@readingclub.com.tw
香港發行所／城邦（香港）出版集團有限公司
香港灣仔駱克道193號東超商業中心1樓
E-mail: hkcite@biznetvigator.com
電話：(852) 25086231　傳真：(852) 25789337
馬新發行所／城邦（馬新）出版集團
Cite (M) Sdn. Bhd.
41, Jalan Radin Anum, Bandar Baru Sri Petaling, 57000 Kuala Lumpur, Malaysia.
電話：(603) 9057-8822　傳真：(603) 9057-6622　E-mail: cite@cite.com.my

印　　刷／鴻霖印刷傳媒股份有限公司
經 銷 商／聯合發行股份有限公司 電話：(02) 2917-8022　傳真：(02) 2911-0053
地址：新北市新店區寶橋路235巷6弄6號2樓

■2018年7月3日三版1刷
■2023年12月6日三版4.3刷

Printed in Taiwan

城邦讀書花園
www.cite.com.tw

定價430元
ISBN 978-986-477-473-9